Cuarenta maneras de conocer una estrella

Cuarenta maneras de conocer una estrella

USAR LAS ESTRELLAS
PARA ENTENDER LA ASTRONOMÍA

BLUME

Jillian Scudder

introducción 06

✳ Conocer una estrella. . .

[UNO] como una luz en el cielo 08

[DOS] como fuente de la luz del día 12

[TRES] por su estructura interna 16

[CUATRO] durante un eclipse solar 20

[CINCO] por su masa 26

[SEIS] por su color 30

[SIETE] por su bamboleo 36

[OCHO] por su magnitud 40

[NUEVE] por su nacimiento 44

[DIEZ] como portadora de planetas 50

[ONCE] por las auroras polares 54

[DOCE] en un diagrama 58

[TRECE] como enana marrón 62

[CATORCE] como gigante roja 66

[QUINCE] como nebulosa planetaria 70

[DIECISÉIS] como enana blanca 76

[DIECISIETE] como una explosión recurrente 80

[DIECIOCHO] como supergigante roja 84

[DIECINUEVE] como Betelgeuse 90

[VEINTE] por su final explosivo 94

[VEINTIUNO]   como estrella de neutrones   98

[VEINTIDÓS]   como agujero negro   104

[VEINTITRÉS]   como objeto inestable   108

[VEINTICUATRO]   como binaria eclipsante   112

[VEINTICINCO]   como parte de la Galaxia   118

[VEINTISÉIS]   por su órbita con forma de pétalos   124

[VEINTISIETE]   como parte de una galaxia   128

[VEINTIOCHO]   miembro de un cúmulo   132

[VEINTINUEVE]   dentro de la estructura de las galaxias   136

[TREINTA]   como trazadora de la materia oscura   140

[TREINTA Y UNO]   como integrante de una galaxia enana   144

[TREINTA Y DOS]   por sus metales   150

[TREINTA Y TRES]   como prueba de un agujero negro masivo   154

[TREINTA Y CUATRO] como indicador de distancias   158

[TREINTA Y CINCO] en el mediodía cósmico   162

[TREINTA Y SEIS]   en colisiones de galaxias   166

[TREINTA Y SIETE] como supernova de tipo 1a   172

[TREINTA Y OCHO]   al trazar un universo en expansión   176

[TREINTA Y NUEVE] como pista sobre el universo primitivo   180

[CUARENTA]   en oro y plata   184

                   recursos y referencias   188

                   índice   190

                   agradecimientos   192

introducción

Al mirar el cielo nocturno, las estrellas parecen meros puntitos tenues de luz que interrumpen la oscuridad. Cuando se observan con más atención, empiezan a apreciarse diferencias incluso a simple vista. Encontramos estrellas más rojas, más brillantes o más apiñadas que otras. Si nos ayudamos de los numerosos telescopios que la humanidad tiene hoy a su servicio, estas particularidades se vuelven más acusadas aún.

A partir de estas diferencias de color y brillo, y gracias a que podemos observar de cerca y en detalle nuestra propia estrella, el Sol, hemos llegado a desentrañar cómo funcionan las estrellas. Ahora sabemos en qué parte generan la energía, cómo consigue escapar esa energía de sus profundidades y qué aspecto tienen sus capas externas. Este conocimiento nos ha revelado que vivir cerca de nuestra estrella supone mucho más que limitarse a recibir el calor necesario para que exista la vida.

La humanidad ha observado el final explosivo y devastador de algunas estrellas tanto en tiempos de civilizaciones antiguas como con tecnologías modernas. A través de las observaciones y los modelos más avanzados de estos cataclismos, hemos aprendido a interpretar qué queda después de estos estallidos, si es que queda algo; cómo se formaron los elementos químicos de este planeta, y cuánto le deben el oro y la plata de la Tierra al final de las estrellas.

Estas nociones fundamentales nos han permitido conocer estrellas aún más complejas. Hemos descubierto que hay estrellas que cambian de brillo con el paso del tiempo, algunas a intervalos tan predecibles que hemos logrado utilizarlas como indicadores de distancias dentro de un universo que, gracias a ellas mismas, se nos ha revelado mucho más grande de lo que creíamos. Las estrellas nos han enseñado que el universo contiene componentes invisibles mucho más abundantes que los que logramos ver, y su brillo nos ha desvelado cómo se formaron las galaxias y cómo han ido cambiando con el paso del tiempo cósmico.

Las estrellas nos han guiado y alumbrado a lo largo de todo este camino que la humanidad ha recorrido para comprender el universo. En este libro expongo cuarenta maneras distintas de conocer las estrellas, las galaxias en las que residen y el cosmos que iluminan. Espero que disfrute durante el viaje y que alcance una conexión más profunda con esos tenues puntitos de luz.

como una luz en el cielo

Para empezar a conocer las estrellas, basta con alzar la mirada hacia la oscuridad de la noche. Cuando el Sol se pone y la vista se adapta a la penumbra, detectamos luz que ha viajado durante cientos o miles de años antes de llegar a la Tierra: es la luz de las estrellas.

En condiciones de oscuridad extrema, el ojo humano llega a captar unas 9100 estrellas a simple vista y, en condiciones ideales y sin Luna, el imponente espectáculo muestra todo el firmamento circundante tachonado de puntos brillantes de luz.

Los seres humanos han utilizado los astros desde que tenemos registros históricos para inventar relatos, navegar y medir las estaciones del año. La tradición oral confirma que la observación del firmamento es una actividad esencialmente humana. Aunque en la actualidad ya casi nadie navegue guiándose por las estrellas, los mitos de la Antigüedad quedaron grabados en los nombres de las constelaciones. Los usados ahora nos han llegado de la Grecia antigua, pero todas las civilizaciones han tenido sus constelaciones y mitos propios. Las constelaciones remiten a personajes de numerosos mitos griegos: el héroe Perseo —cuya historia incluye la decapitación de Medusa—, el caballo alado Pegaso y el rescate de Andrómeda del acecho de un monstruo marino llamado Cetus (la constelación de la Ballena). Medusa está representada por la estrella Algol en la constelación de Perseo; Andrómeda se encuentra cerca de Perseo. Pegaso se ve en el cielo del verano boreal como un gran cuadrado formado por estrellas muy brillantes (el asterismo conocido como el cuadrado de Pegaso). La Ballena (Cetus) no tiene estrellas llamativas, pero sigue existiendo como región celeste.

En tiempos modernos, en 1922, la Unión Astronómica Internacional (UAI) llegó al consenso de dividir todo el firmamento nocturno en un total de ochenta y ocho constelaciones. En 1930, Eugène Delporte publicó las fronteras entre esas constelaciones con la aprobación de la UAI. Desde entonces, esas delimitaciones y constelaciones han servido para señalar con rapidez y con facilidad en qué lugar del cielo se encuentra una estrella: siempre caerá dentro de alguna constelación oficial conocida (fig. 1.1).

La mayoría de la población mundial vive cerca de luces urbanas y otros alumbrados artificiales y, a medida que esta iluminación aumenta, las estrellas más tenues desaparecen de la vista. Según una estimación de 2016, el 14 por ciento de la población mundial, el 20 por ciento de la de la UE y el 37 por ciento de la

Andrómeda

Cisne VÍA LÁCTEA Perseo

Casiopea

Cefeo

Lira

Osa Menor

Auriga

Hércules Dragón

Géminis

Osa Mayor

Boyero

| FIG. 1.1 | Las fronteras entre las constelaciones no se fijaron hasta 1930, pero ahora son la primera referencia para localizar objetos astronómicos en el firmamento. |

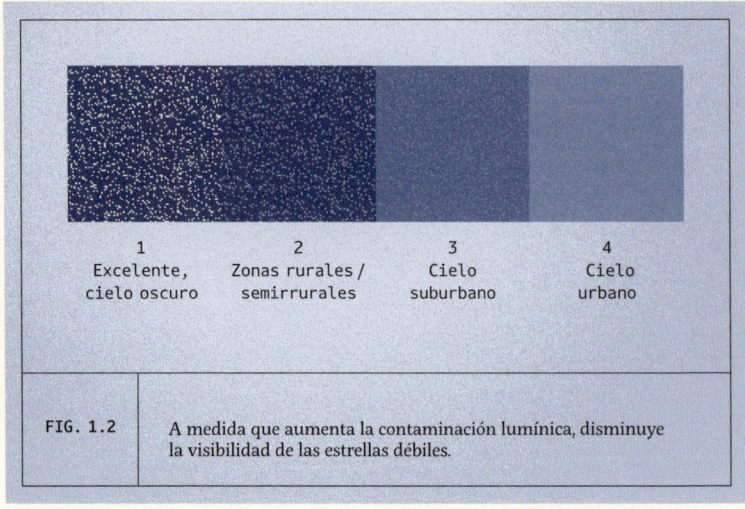

1	2	3	4
Excelente, cielo oscuro	Zonas rurales / semirrurales	Cielo suburbano	Cielo urbano

FIG. 1.2   A medida que aumenta la contaminación lumínica, disminuye la visibilidad de las estrellas débiles.

de Estados Unidos viven en zonas urbanas tan iluminadas que el cielo nunca llega a estar realmente oscuro y el ojo no llega a adaptarse por completo al modo de visión nocturna. Singapur es el país más afectado: el 100 por ciento de su población no llega a ver sus cielos más oscuros que durante el crepúsculo (fig. 1.2).

Si no reside en una gran ciudad, lo más probable es que consiga ver una cantidad de estrellas intermedia entre las 9100 que se divisan en los cielos más oscuros y las que llegan a detectarse en las ciudades con más contaminación lumínica. Pero las estrellas muy brillantes son las que más escasean: en el firmamento nocturno solo hay cuarenta y cinco estrellas más brillantes que la estrella Polar. En cambio, la nebulosa de Orión, que se confunde con una estrella en la espada de Orión, brilla menos que ella. Si llega a vislumbrar ese objeto, entonces habrá otras 513 estrellas lo bastante brillantes como para que las divise también (aunque, por supuesto, algunas estarán ocultas bajo el horizonte).

Cada vez hay más presión para que los espacios realmente oscuros que quedan en el mundo se preserven como emplazamientos de cielo oscuro: posibles destinos para familiarizarse con el firmamento tal como lo veían los seres humanos antes de la llegada de la iluminación industrial. Por desgracia, suelen ser lugares bastante remotos, ya que el esparcimiento de las luces de las grandes ciudades es mucho mayor de lo que cabría esperar. En Estados Unidos hay varios parques nacionales con la calificación de Lugares Internacionales de Cielo Oscuro.

Las estrellas parecen titilar en el cielo, sobre todo cuando hace viento. Ese centelleo no se debe a la luz del astro en sí, sino a la atmósfera terrestre. A medida que se asciende desde el nivel del mar hasta la atmósfera superior se produce una caída drástica de la temperatura, pero al estudiarla con atención se comprueba que no hay un gradiente perfectamente uniforme, sino que surgen pequeñas bolsas de aire más caliente y más frío. Cada bolsita de aire puede desviar el haz de luz incidente de una estrella y, cuando ese haz llega hasta nosotros, que observamos desde la superficie de la Tierra, parece que el punto de luz parpadea porque la atmósfera lo enfoca y lo desenfoca sin cesar. Como el rayo de luz procedente de una estrella es tan fino y estrecho, la vista humana detecta cualquier perturbación minúscula (fig. 1.3).

Cuantas más bolsas de aire se formen, más se notará este efecto, y la manera más fácil de que ocurra es que haya viento. Eso no significa que tenga que hacer un tiempo ventoso al nivel del suelo, y con frecuencia no es así, pero, si ve que las estrellas titilan y el aire está tranquilo desde donde las mira, entonces puede tener la seguridad de que hay vientos en regiones de la atmósfera muy por encima de usted.

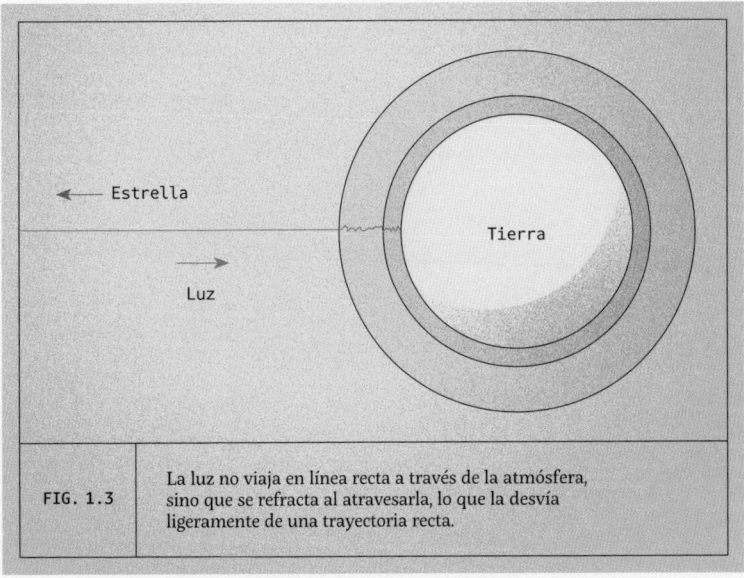

| FIG. 1.3 | La luz no viaja en línea recta a través de la atmósfera, sino que se refracta al atravesarla, lo que la desvía ligeramente de una trayectoria recta. |

como fuente de la luz del día

Las horas con luz del día que tenemos en la Tierra permiten analizar las estrellas con facilidad. Por muy grandiosa que sea la belleza y la diversidad del firmamento nocturno, hay una estrella en particular cuyo brillo supera en tal medida a todas las demás que cuando se encuentra sobre el horizonte inunda de cielo con su luz e impide ver todas las demás: es el Sol.

El Sol aparece así de deslumbrante en nuestros cielos no porque brille mucho más que otras estrellas, sino simplemente porque estamos muy cerca de él. Aun así, entre la Tierra y el Sol media la asombrosa distancia de 150 millones de kilómetros. Pero si lo comparamos con la siguiente estrella más cercana a nosotros, Próxima Centauri, situada 268 770 veces más lejos, está claro que nos encontramos muy cerca del Sol.

Si se prepara un telescopio con la protección adecuada, el Sol es un objeto fácil de observar en días despejados de nubes. Desde el suelo ya se alcanza a ver algo más que un simple disco brillante. Las observaciones del Sol son muy anteriores a la invención del telescopio, y hay registros escritos que se remontan al año 800 antes de nuestra era en China. El primer dibujo conocido de una mancha solar data de 1128 y se encuentra en la obra *Chronicon ex chronicis* de John de Worcester. Las manchas solares son zonas oscuras en el disco solar donde la superficie del astro está algo más fría que las regiones circundantes. Aparecen cuando el campo magnético del Sol se enreda y forma un bucle en la superficie.

El campo magnético se enmaraña porque el ecuador del Sol gira más deprisa que los polos, lo cual hemos averiguado observando cuánto tardan las manchas solares en recorrer todo el disco solar. Cuantas más veces adelante el ecuador a los polos, más complejo se vuelve el campo magnético, más bucles es probable que se formen y más probabilidad hay de que aparezcan manchas solares en la superficie (fig. 2.1).

Sin tecnología de apoyo y en circunstancias normales, las manchas solares son la única gran imperfección que alcanza a divisar el ojo humano en el Sol. Cuando el campo magnético solar está en calma, la observación atenta de nuestra estrella la revela como un disco brillante y sin marcas. Sin embargo, los avances tecnológicos nos han permitido ver los rasgos dinámicos y en permanente cambio de la superficie del Sol. Los telescopios instalados en tierra han logrado obtener imágenes muy detalladas que revelan una superficie agitada en la que emergen burbujas de plasma

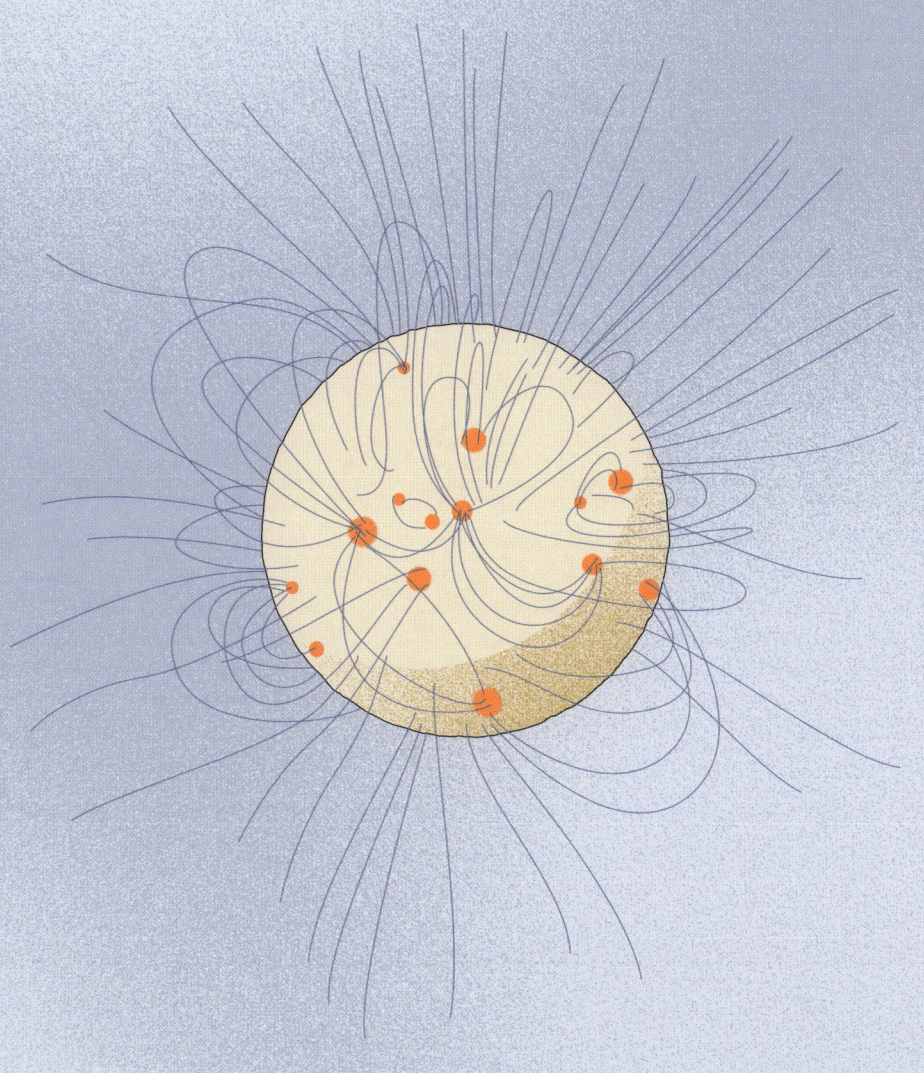

FIG. 2.1 El campo magnético del Sol no está nada ordenado, y a menudo los enredos irrumpen en la superficie y dejan un rastro visible en forma de mancha solar.

de alta temperatura y con un brillo en cambio constante, que crean un efecto denominado granulación. Estas burbujas están rodeadas de plasma algo más frío que se hunde en las profundidades de la estrella en un proceso muy parecido al del agua hirviendo. Las células de granulación más pequeñas tienen un tamaño similar al de la península Ibérica y las más grandes abarcan una superficie que cubriría casi toda Europa.

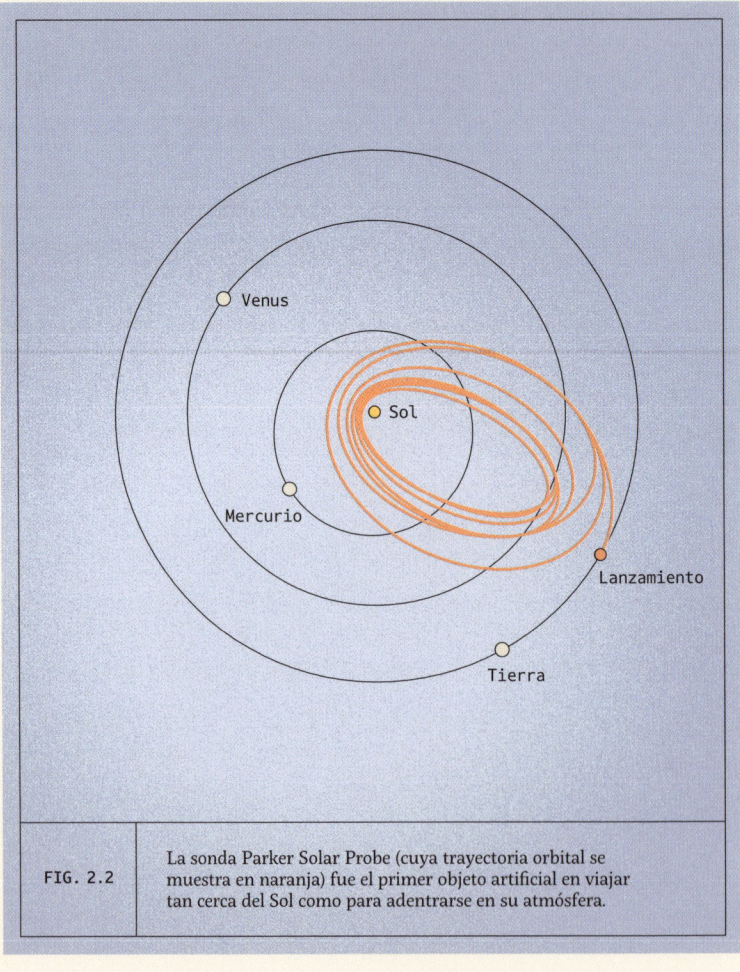

| FIG. 2.2 | La sonda Parker Solar Probe (cuya trayectoria orbital se muestra en naranja) fue el primer objeto artificial en viajar tan cerca del Sol como para adentrarse en su atmósfera. |

También hemos enviado telescopios al espacio para observar el Sol sin el inconveniente de no poder verlo durante la mitad de cada jornada. Dos de los más productivos son el Solar Dynamics Observatory (SDO) y el Solar and Heliospheric Observatory (SOHO), y ambos han obtenido imágenes impresionantes y detalladas del Sol. SOHO se ha situado en una órbita que nunca se sume en la sombra de la Tierra, de modo que siempre es de día. SDO sigue una órbita tan amplia alrededor de nuestro planeta que este solo bloquea de forma ocasional su visión del Sol. SDO y SOHO están coordinados para ofrecernos imágenes especialmente buenas de cualquier cambio espectacular que se produzca en la superficie solar, como las protuberancias. Estas son inmensos arcos de plasma muchas decenas de veces mayores que la Tierra y que alcanzan gran altura sobre la superficie solar, arrastrados por las corrientes magnéticas. Una protuberancia puede durar días o meses y, a lo largo de ese tiempo, el plasma atrapado en el rizo magnético se precipita poco a poco sobre la superficie del Sol, lo que se conoce como lluvia coronal, aunque, sin ninguna duda, es la variedad menos refrescante de «lluvia» que podemos encontrar.

La sonda Parker Solar es el objeto artificial que más se ha acercado al Sol (hasta el año 2025) con el objetivo de explorar el potente entorno de la atmósfera solar. El Sol es, por ahora, el único objeto estelar cuya atmósfera podremos visitar, así que el envío de una nave espacial bien blindada a esta peligrosa región (las temperaturas son altísimas y los aparatos electrónicos no suelen llevarse bien con la exposición a plasmas o partículas cargadas) nos permite conocer en detalle de qué manera nuestra estrella expulsa material hacia el sistema planetario circundante. Está previsto que continúe operando cada vez más cerca de la superficie solar hasta diciembre de 2025, pero ya ha revelado que la frontera entre el material ligado al Sol y el material expulsado fuera de él no es completamente esférica, sino que presenta abultamientos hacia fuera en algunos lugares, probablemente asociados a actividad solar en la superficie (fig. 2.2).

por su estructura interna

Si podemos llegar al fondo del núcleo de una estrella, conseguimos saber cómo funciona. En torno al 20 por ciento más interno del Sol alberga el núcleo de la estrella (fig. 3.1). En esta región se alcanzan las temperaturas y densidades más elevadas, con valores de unos 33 millones de grados Celsius y diez veces la densidad del plomo, y allí reside cerca del 50 por ciento de la masa del Sol. En este crisol tan inhóspito se genera toda la luz que emite nuestra estrella.

Una vez formada, la luz del núcleo efectúa un largo viaje hasta que sale de la estrella. Como rebota en cada uno de los átomos que se encuentra por el camino, es absorbida y vuelve a irradiarse en direcciones aleatorias mientras atraviesa lo que se conoce como zona radiativa. Esta capa, en la que no hay reacciones nucleares, sino un caótico revoltijo de luz, abarca hacia el exterior alrededor del 70 por ciento del radio del Sol. Se trata de un volumen tan inmenso que la luz llega a tardar entre 100 000 y 1 millón de años en encontrar el camino hasta la zona convectiva en su recorrido de rebotes aleatorios.

El viaje a través de la zona de convección no es tan arduo, ya que el material situado aquí asciende hasta la superficie del Sol en enormes células convectivas. Una vez que el material se ha expandido y enfriado durante su ascenso hacia la superficie, el plasma vuelve a hundirse en las profundidades del Sol y completa así un bucle convectivo.

La distancia a la que la luz logra salir por fin con libertad de la estrella marca la «superficie» o fotosfera del astro. Las áreas de la fotosfera en las que se dan ligeros descensos de temperatura, conocidas como manchas solares, se revelan en forma de zonas oscuras que contrastan con el brillo circundante. Se forman debido a las enmarañadas trayectorias que siguen las líneas del campo magnético que irrumpen en la superficie.

En esencia, todas las estrellas se mantienen en un delicado equilibrio. A la gravedad le encantaría dominar la enorme cantidad de materia que contiene la estrella y compactarla en un espacio más reducido. Pero si las estrellas se nos revelan como objetos estables suspendidos en el cielo es porque debe de actuar una fuerza que empuje hacia el exterior y compense ese tirón hacia el interior.

Las estrellas están hechas de plasma y, en muchos aspectos, los plasmas se comportan como los gases. Al igual que la mayoría de los gases, cuando se comprime un plasma, se calienta. La gravedad dio inicio a ese proceso de calentamiento de la estrella, pero para contrarrestar

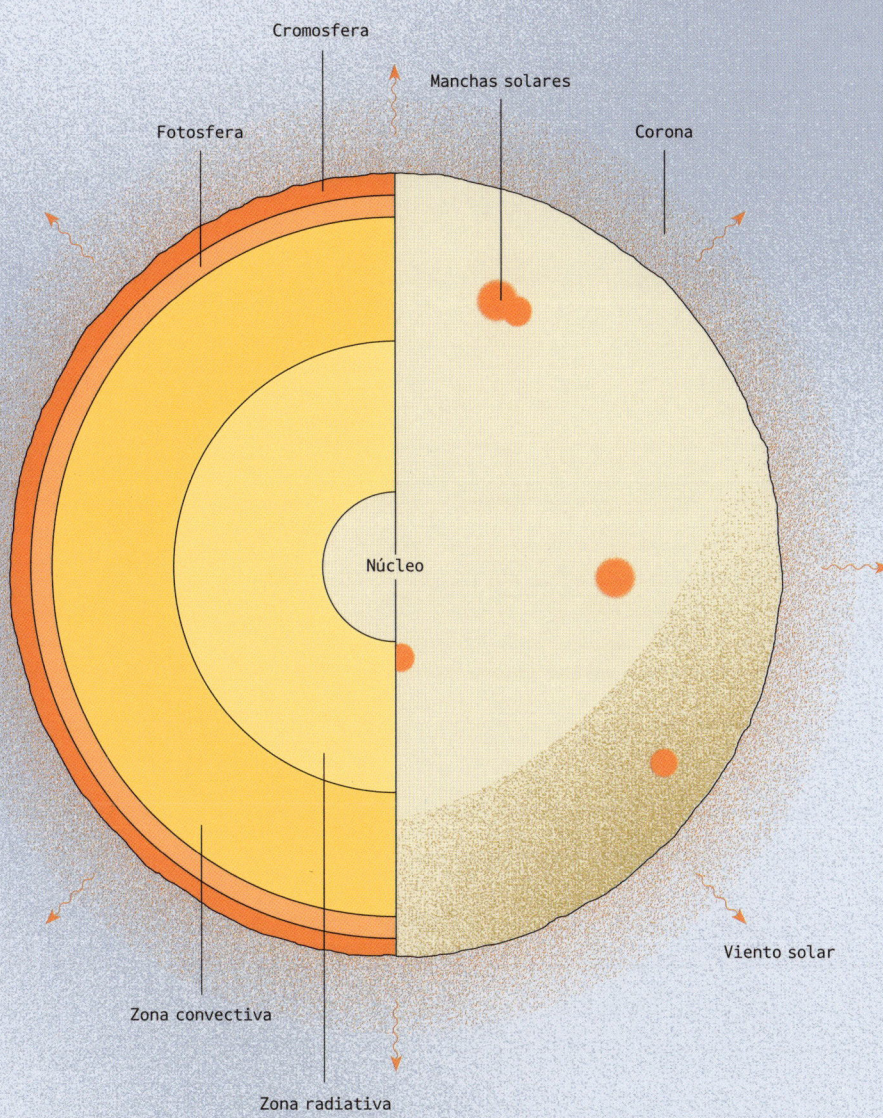

Fotosfera

Cromosfera

Manchas solares

Corona

Núcleo

Zona convectiva

Zona radiativa

Viento solar

FIG. 3.1 — Las estrellas como nuestro Sol tienen tres grandes capas internas bien diferenciadas. Toda la luz se genera en el núcleo y recorre un largo camino hasta llegar a la fotosfera, donde al fin consigue salir de la estrella.

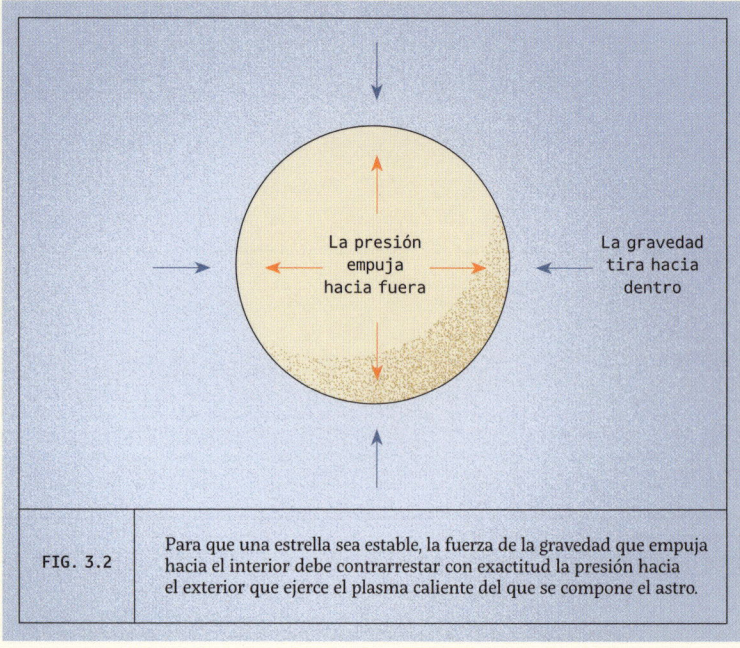

FIG. 3.2   Para que una estrella sea estable, la fuerza de la gravedad que empuja hacia el interior debe contrarrestar con exactitud la presión hacia el exterior que ejerce el plasma caliente del que se compone el astro.

la gravedad con eficacia también es necesario generar calor en el interior del astro (fig. 3.2).

En el núcleo estelar imperan una densidad y una temperatura lo bastante elevadas como para dar una solución a este problema de equilibrio: la fusión de átomos de hidrógeno en helio. La fusión es un proceso interesante: requiere temperaturas extraordinarias y que los átomos se encuentren tan próximos entre sí que puedan sufrir choques directos a velocidades altísimas. Puesto que la transformación de hidrógeno en helio es un proceso de varios pasos, es necesario que haya suficiente material en las proximidades para servir como reservorio de los integrantes necesarios para mantener el mecanismo en marcha.

Todos los pasos de este proceso implican añadir un protón más (un núcleo de hidrógeno) hasta producir un átomo de helio. Así que, para que se complete este proceso de fusión, se necesitan muchos núcleos de hidrógeno. Por suerte, casi todas las estrellas están formadas en su mayoría por hidrógeno (fig. 3.3), y casi todo el resto de su material es helio (un descubrimiento que debemos a la tesis doctoral de Cecilia Payne-Gaposchkin en 1925).

El resultado final es un átomo de helio formado por dos protones
y dos neutrones a partir de seis protones, dos de los cuales vuelven a quedar
libres en el núcleo estelar para participar en alguna otra reacción de fusión.
La masa contenida en un átomo de helio no es exactamente igual a la masa
de cuatro protones, por lo que una cantidad ínfima de materia (el 0.7 por
ciento) se convierte en energía. La conocida ecuación de Einstein $E = mc^2$
evidencia que no se necesita mucha masa para crear mucha energía, así que,
aunque se trata de un proceso que exige algunos requisitos estrictos para
arrancar, es bastante eficiente generando energía que, por lo general, se
transporta en forma de luz.

Esta producción constante de energía en el núcleo estelar permite
que el plasma del Sol permanezca a una temperatura tan elevada que
la masa de toda la estrella no basta para comprimirla. La gravedad se
contrarresta con la presión que ejerce el gas calentado por los procesos
de fusión en el núcleo. Este estado compensado se conoce como equilibrio
hidrostático, y todas las estrellas estables se encuentran en esta situación.

Aunque una sola reacción de fusión no genere mucho calor, cuando
se tiene en cuenta que todas las reacciones ocurren al mismo tiempo en el
conjunto del núcleo estelar, se logra la temperatura suficiente para calentar
el plasma de la estrella, contener la gravedad y fulgurar en la vasta
oscuridad del espacio interestelar.

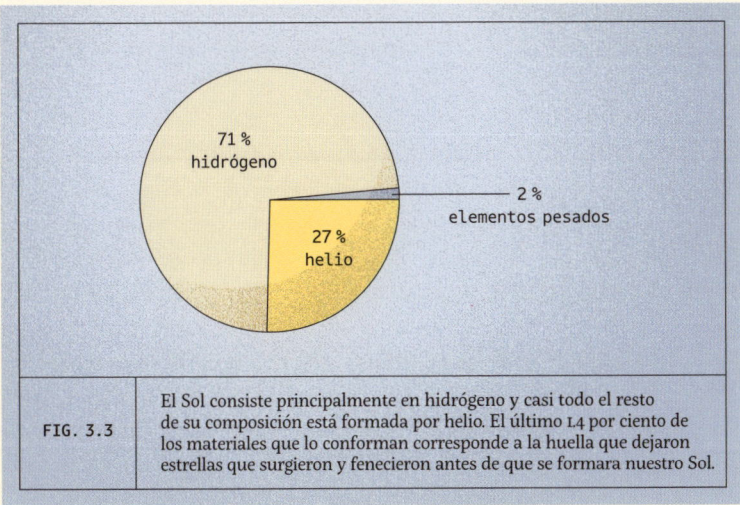

71 %
hidrógeno

2 %
elementos pesados

27 %
helio

FIG. 3.3 — El Sol consiste principalmente en hidrógeno y casi todo el resto
de su composición está formada por helio. El último 1.4 por ciento de
los materiales que lo conforman corresponde a la huella que dejaron
estrellas que surgieron y fenecieron antes de que se formara nuestro Sol.

durante un eclipse solar

Los eclipses solares son acontecimientos especialmente espectaculares que permiten conocer distintos aspectos de la estrella que tenemos más cerca, el Sol. Debemos recordar que no es seguro mirar al Sol sin protección durante ninguna de las fases de un eclipse parcial. Sin embargo, si en alguna ocasión tiene la suerte de encontrarse en un lugar por donde pase la banda de totalidad de un eclipse solar (donde la Luna tapa por completo el disco del Sol durante unos minutos), entonces sí podrá contemplar la fase de totalidad del eclipse sin protegerse la vista, aunque siempre hay que hacerlo con mucho cuidado (fig. 4.1).

Durante la fase de totalidad podrá observar a simple vista dos rasgos del Sol que no suelen ser accesibles. La corona solar es el más espectacular y se revela en forma de cintas anchas y blancas de material que salen de la estrella. En condiciones normales no suele verse porque es mucho más tenue que la superficie del Sol. Paradójicamente, alberga temperaturas mucho más altas que la fotosfera solar, pero apenas destaca porque el material que la conforma está mucho más disperso y, por tanto, es mucho más difuso. La temperatura de la fotosfera solo alcanza los 5499 °C, mientras que en la corona alcanza entre 1 y 2 millones de grados Celsius. El mecanismo que permite que la corona alcance temperaturas tan elevadas comparadas con las de la superficie solar sigue siendo un misterio científico, y esclarecerlo es uno de los principales objetivos de la sonda Parker Solar Probe.

La otra estructura que salta a la vista durante un eclipse solar es la cromosfera, que brilla con una llamativa tonalidad rosada. Es el fulgor del hidrógeno ionizado. Al igual que la corona, la cromosfera suele ser demasiado tenue para divisarla cuando el disco del Sol está a la vista. Tiene varios miles de kilómetros de grosor, y lo que suele verse durante un eclipse solar no es la parte principal de la cromosfera, sino eyecciones de material procedente de ella y que, por lo general, son protuberancias solares.

Hay tres clases de eclipses solares que se pueden dar en cualquier sistema planetario. La más básica se produce cuando un objeto (por lo general un satélite) se interpone entre el observador y la estrella y bloquea la luz que proviene de ella.

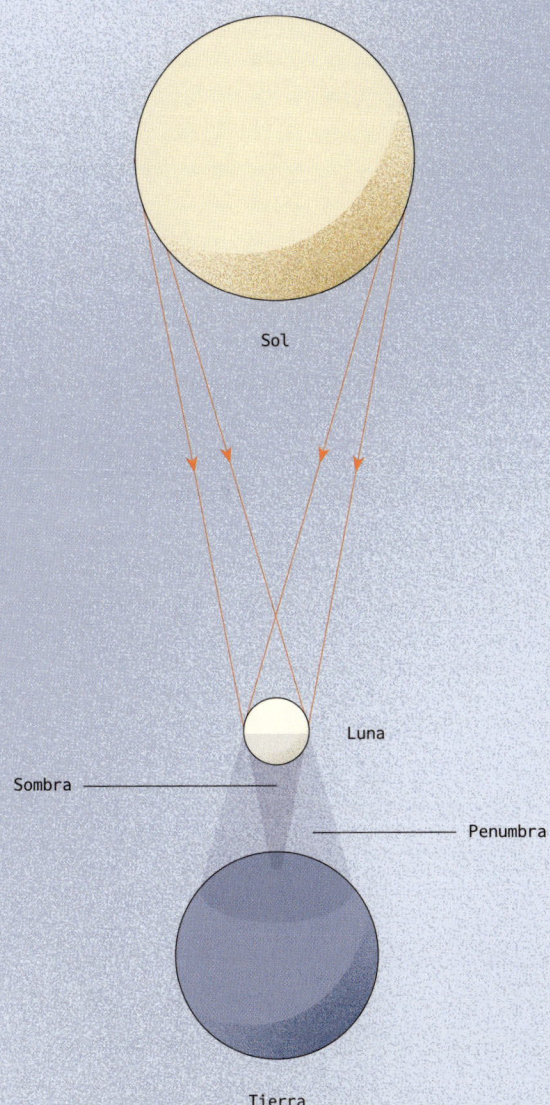

Sol

Luna

Sombra

Penumbra

Tierra

| FIG. 4.1 | Durante un eclipse total, es seguro mirar el Sol directamente; cuando el brillante disco del Sol queda tapado por la Luna y solo se ven la corona y el borde de la cromosfera. |

Los eclipses totales de Sol son bastante raros. Requieren un objeto con un tamaño aparente idéntico al de la estrella (o un poco más grande) y es necesario que ese objeto pase justo por delante del disco solar. En nuestro caso, en la Tierra, la Luna cumple estos requisitos y hay meses en los que puede situarse justo entre el Sol y la Tierra. Sin embargo, como la órbita de la Luna no está perfectamente alineada con el recorrido que sigue el Sol por el cielo, otros meses no llega a taparlo en absoluto.

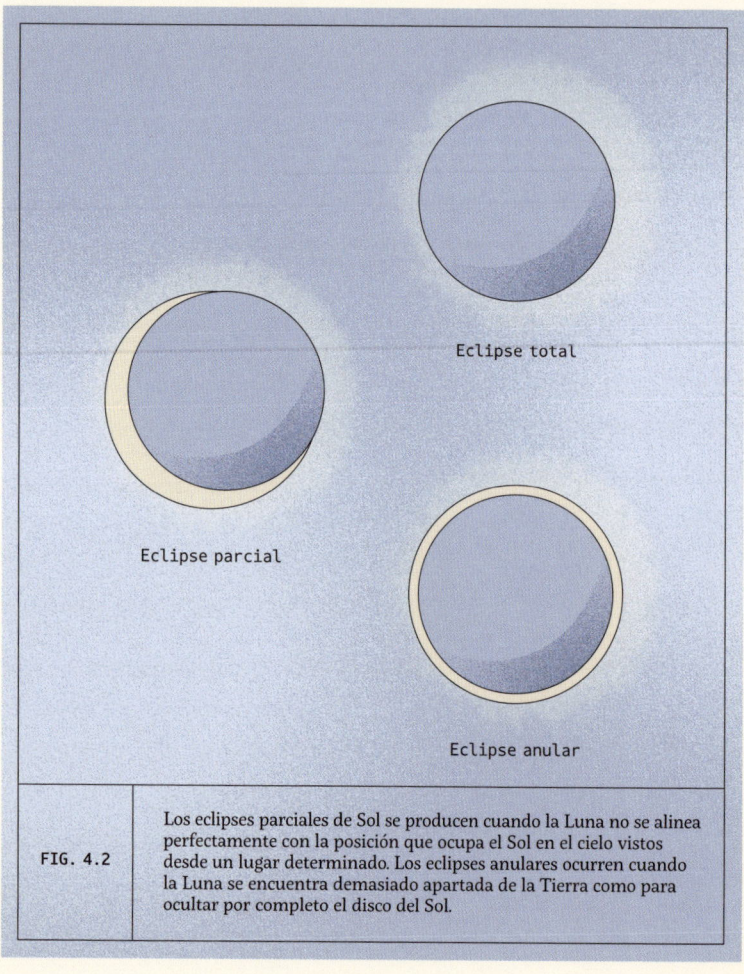

Eclipse total

Eclipse parcial

Eclipse anular

| FIG. 4.2 | Los eclipses parciales de Sol se producen cuando la Luna no se alinea perfectamente con la posición que ocupa el Sol en el cielo vistos desde un lugar determinado. Los eclipses anulares ocurren cuando la Luna se encuentra demasiado apartada de la Tierra como para ocultar por completo el disco del Sol. |

Los eclipses parciales de Sol se producen cuando la Luna u otro objeto no se alinean tan bien con el Sol como para ocultarlo por completo, por lo que solo tapan una parte del disco solar y este se ve como una lúnula. En estos casos hay una alineación, pero no es perfecta.

Durante un eclipse parcial de Sol en la Tierra, una cámara oscura, un colador o los huecos entre las hojas de los árboles proyectan sombras del Sol con forma de media luna, es decir, imágenes de un Sol eclipsado solo en parte. Este tipo de eclipse se da con más frecuencia que los totales.

Por último, están los eclipses anulares. Estos se producen cuando el objeto que que pasa ante el Sol no es lo bastante grande para taparlo por completo y deja a la vista un anillo de luz a su alrededor. Desde la Tierra también podemos ver eclipses anulares: la órbita de la Luna es ovalada y, si la Luna está especialmente apartada de la Tierra, se muestra más pequeña que el Sol en el cielo y no tiene un tamaño aparente lo bastante grande como para ocultar por completo la fotosfera solar. Tampoco es seguro observar este tipo de eclipses sin la protección adecuada para la vista. Este es el único tipo de eclipse visible desde Marte. Tanto Fobos como Deimos, los satélites de Marte, son demasiado pequeños para tapar por completo el Sol tal y como se ve desde la superficie marciana, a pesar de estar bastante cerca de este planeta. Los observadores robóticos que tenemos allí han tomado imágenes de eclipses marcianos, pero, en el mejor de los casos, son eclipses anulares (fig. 4.2).

Parece bastante inusual contar con un satélite lo bastante grande como para ocultar el disco solar de un modo tan perfecto. El satélite natural de la Tierra es especialmente grande comparado con el tamaño de nuestro planeta, así que es una gran suerte que podamos disfrutar de las ventajas estéticas derivadas del accidente cósmico que formó la Luna hace miles de millones de años. En un futuro lejano (dentro de millones de años), la Tierra también perderá este espectáculo cósmico. La Luna se aparta de la Tierra varios centímetros cada año y, a medida que avance ese alejamiento, incluso en el punto más cercano de su órbita, la Luna solo deparará eclipses anulares de Sol.

El último destello de luz solar

En los instantes justo anterior y posterior
a la totalidad de un eclipse, el fragmento
más diminuto del disco solar brilla con
intensidad recortado en uno de sus
costados y forma lo que se conoce como
el «anillo de diamantes». Esta imagen
se tomó desde el Centro de Investigación
Glenn de la NASA, en las afueras de
Cleveland, durante el eclipse total
de Sol ocurrido el 8 de abril de 2024.

por su masa

Averiguar cuánta materia alberga una estrella en su interior es un paso útil para entender cómo se mantiene estable el astro. Todas las estrellas mantienen un equilibrio entre la fuerza de la gravedad que tira hacia su centro y la presión de los procesos de fusión que la contrarrestan, pero lo interesante es que ese equilibrio difiere en cada caso. Si una estrella particular tiene un poco más de masa, entonces es mayor la fuerza de la gravedad que tira hacia dentro. A su vez, este incremento de la fuerza gravitatoria implica que, para que el astro se mantenga estable, necesitará que también aumente la presión hacia el exterior que ejerce la energía generada en el núcleo.

Afortunadamente, existe un mecanismo natural para conseguirlo. A medida que la gravedad comprime la estrella hacia el interior, aumentan tanto la densidad en el núcleo del astro como la temperatura del plasma. Estos son requisitos necesarios para que el núcleo de la estrella acelere el ritmo al que fusiona hidrógeno en helio. En las estrellas masivas, el equilibrio se restablece si el hidrógeno disponible en el núcleo se consume más deprisa que en una estrella de menos masa. Esto genera más cantidad de energía en el núcleo y más presión de resistencia, lo que devuelve la estrella a un equilibrio estable (fig. 5.1).

El único inconveniente de esta solución es que el astro transforma el hidrógeno de su núcleo en helio mucho más rápido que una estrella con menos masa. Como ese hidrógeno alimenta las reacciones de fusión, los astros de más masa agotan el hidrógeno mucho antes que sus equivalentes menos masivos. Si deja de haber fusión, inician un complejo proceso de muerte estelar mucho antes que otros objetos con menos masa.

Esto es así para dos estrellas cualesquiera de distinta masa. Una estrella con el doble de masa que nuestro Sol consumirá el combustible con mayor rapidez que el Sol, pero, de igual manera, el Sol consume el combustible del que dispone más deprisa que otra estrella con tres cuartas partes de su masa.

Los astros muy masivos suelen ser muy brillantes. La energía adicional que generan en el núcleo conlleva que produzcan más luz. Aparte del mero aumento de la luminosidad, las estrellas más masivas también tienden a tener un tamaño físico mayor. Al contar con más superficie y producir gran cantidad de luz en su centro, los astros masivos son muy brillantes mientras dura el hidrógeno del núcleo. Los objetos más masivos, con unas sesenta veces la masa del Sol, tienen combustible para alrededor de 3.5 millones de años. El Sol tardará en agotarlo casi 10 000 millones de años.

Menos masa, menos *P* (presión)
y menos *T* (temperatura), fusión
más lenta y duración más larga

Más masa, más *P* y *T*, fusión más
veloz y duración más breve

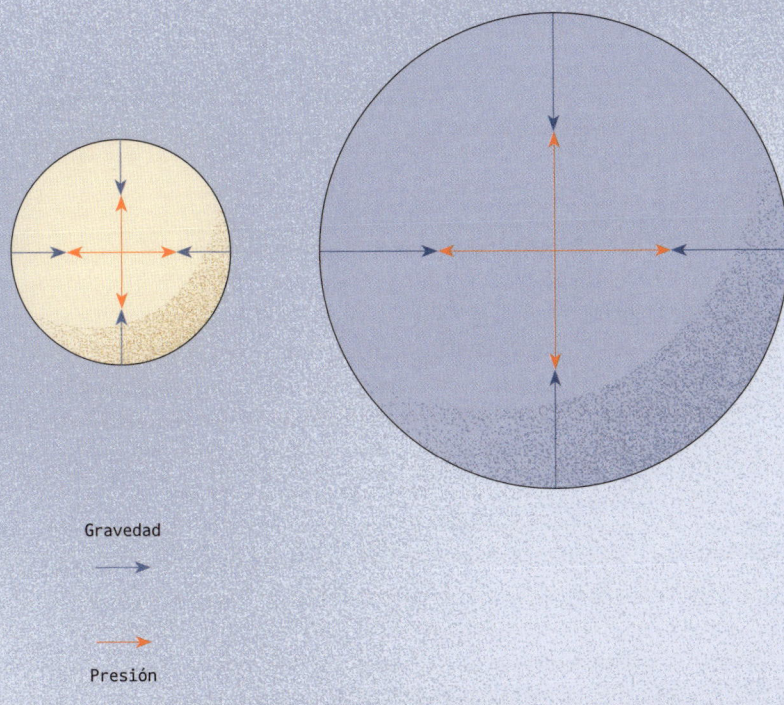

Gravedad

Presión

FIG.5.1	Cuanto más masiva sea una estrella, más intensa será la gravedad que tira de ella hacia su interior. Esto se compensa con una presión más alta ejercida por una fusión más veloz. La fusión es más lenta en estrellas poco masivas porque deben compensar un tirón gravitatorio más débil.

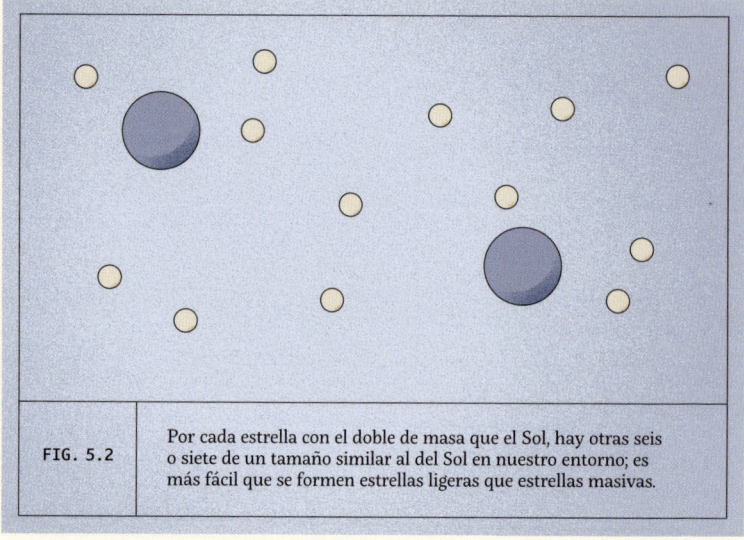

FIG. 5.2	Por cada estrella con el doble de masa que el Sol, hay otras seis o siete de un tamaño similar al del Sol en nuestro entorno; es más fácil que se formen estrellas ligeras que estrellas masivas.

Como hay tantas propiedades estelares que dependen de la masa, este es un dato fundamental de cualquier estrella que se observe. A partir de la masa podemos calcular la duración esperada, porque nos aporta información sobre la velocidad a la que consume el hidrógeno. También nos revela el brillo esperable. Como hay una estrella cuya masa conocemos con una precisión extrema (el Sol), la hemos tomado como referencia. La masa de nuestra estrella alcanza el impresionante valor de 2.0×10^{30} kg, el cual se conoce también como una masa solar. La masa de todas las demás estrellas se miden en comparación con la del Sol, de manera que una estrella con dos masas solares tiene el doble de la masa del Sol, es decir, con 4.0×10^{30} kg. Con el tiempo se ha visto que esta métrica no es nada descabellada, puesto que el rango de masas estelares en el universo actual se sitúa entre una doceava parte y 120 veces la masa del Sol (fig. 5.2).

Es más difícil que se forme una estrella masiva que una de poca masa. Las estrellas ligeras no requieren el colapso de una nube de gas muy grande en un solo objeto, y esto ocurre con relativa facilidad. Una estrella muy masiva, en cambio, necesita como punto de partida que una acumulación de gas mucho mayor se colapse, y que lo haga, y esto es más importante aún, sin escindirse en varios astros más pequeños.

El resultado final es que por cada estrella muy masiva suele haber MUCHAS más estrellas de poca masa. En las proximidades del Sol, las estrellas con una masa parecida a la suya son unas 6.5 veces más abundantes que las estrellas con una masa entre 1.5 y 2 veces mayor que la del Sol.

También es interesante explorar el límite inferior para la masa de una estrella. Si la cota superior depende de la dificultad para que se forme una estrella de este tipo de entrada, la masa más reducida posible depende de otra condición. Las estrellas menos masivas apenas alcanzan la temperatura y la densidad suficientes en su núcleo como para experimentar fusión de cualquier tipo. La masa más reducida que puede tener un objeto para fusionar hidrógeno en helio ronda una doceava parte de la masa del Sol (fig. 5.3). De acuerdo con la relación inversa que mantienen con las estrellas muy masivas, cabe inferir que transforman su hidrógeno en helio a un ritmo muy lento y, de hecho, parece probable que estas estrellas perduren billones de años antes de agotar su combustible.

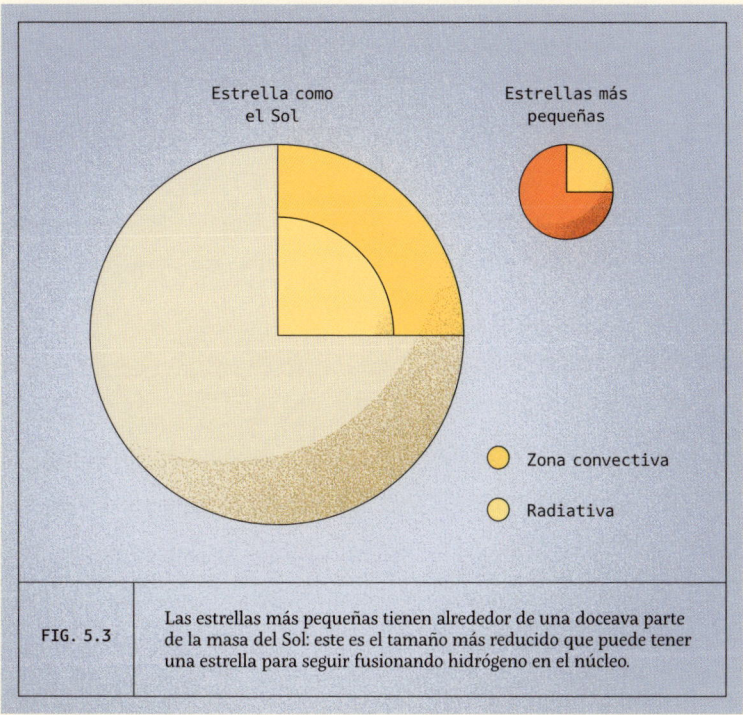

Estrella como el Sol

Estrellas más pequeñas

Zona convectiva

Radiativa

FIG. 5.3   Las estrellas más pequeñas tienen alrededor de una doceava parte de la masa del Sol: este es el tamaño más reducido que puede tener una estrella para seguir fusionando hidrógeno en el núcleo.

por su color

La observación detallada del color de una estrella nos aporta mucha información. Al contemplar el firmamento nocturno, encontramos un par de estrellas que son algo más que puntos brillantes de luz blanca: son rojas. Betelgeuse, situada en un hombro del cazador representado en la constelación de Orión, y Antares, en Escorpio, se revelan claramente más rojas que el resto. Si observamos con más atención y con una tecnología más adecuada para este fin, descubrimos que todas las estrellas tienen un color asociado, un dato estrechamente vinculado a la temperatura de su superficie.

Las estrellas se clasifican como emisores térmicos o cuerpos negros, que es el término técnico para referirse a algo que brilla porque está a una temperatura elevada. No encontramos muchos cuerpos negros en la vida cotidiana de hoy, lo que seguramente sea lo mejor, ya que tener en casa objetos que brillen porque tienen temperaturas tan elevadas sería una manera estupenda de arriesgarse a sufrir quemaduras graves. Una vieja estufa eléctrica de las que funcionaban con una resistencia o una bombilla incandescente de las antiguas cumplirían las condiciones para ser un cuerpo negro. El metal fundido también brilla de esta manera. Si lo calentamos hasta que adquiera una tonalidad blanca amarillenta, sabremos que está caliente mucho antes de acercarnos lo suficiente para notar el calor que desprende. Cuanto más caliente está el material, más blanco se muestra. El hecho de que «al rojo vivo» no sea tan intenso como «al rojo blanco» tiene una explicación científica.

Si observamos un objeto que brilla debido a la intensidad de su propia temperatura interna y nos fijamos en los colores de la luz que genera, podemos trazar el espectro de la luz, un gráfico que muestra qué intensidad se produce de cada color. Los objetos que brillan debido a su propio calor interno dan lugar a una curva muy específica: la curva del cuerpo negro. Se trata de una curva amplia en la que destaca sobre las demás la luz de una longitud de onda concreta (fig. 6.I).

En el caso del Sol, este pico de longitud de onda se sitúa en un tono verde lima intenso. La vista humana no percibe así el color de la luz del Sol porque promedia todos los colores que se producen en cantidades importantes. Si se promedia todo el espectro de la luz visible, la percibimos como una luz «blanca», aunque el Sol produzca en realidad todos los colores.

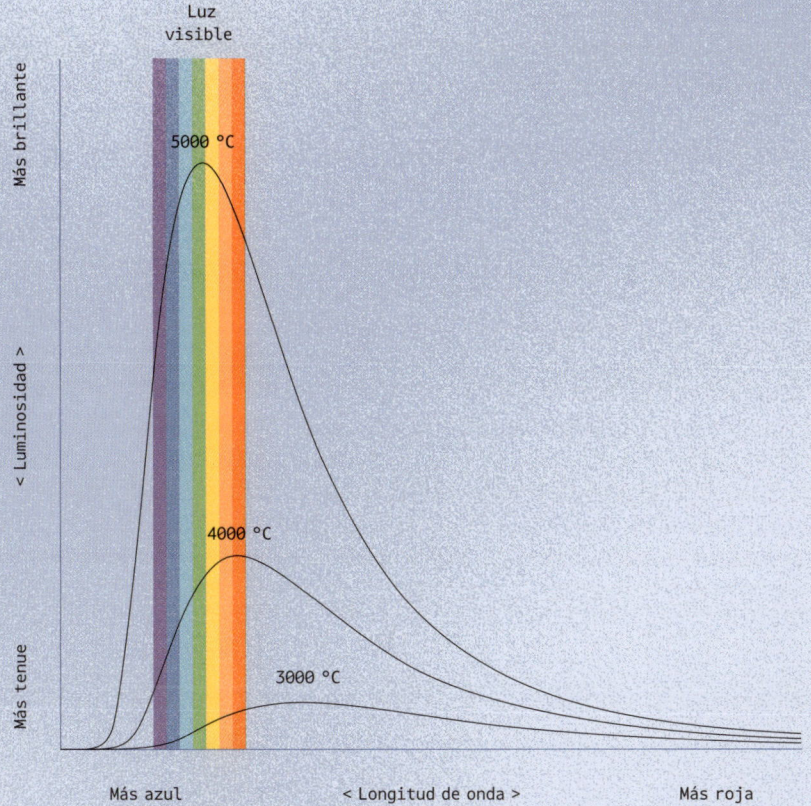

Luz
visible

Más brillante

< Luminosidad >

Más tenue

5000 °C

4000 °C

3000 °C

Más azul   < Longitud de onda >   Más roja

| FIG. 6.1 | Curvas del cuerpo negro para estrellas de diferentes temperaturas. Cuanto más cerca del extremo azul se sitúa el color predominante de una estrella, más alta es la temperatura de su superficie. |

Solo vemos estos colores individuales cuando se forma un arcoíris y la luz del Sol se descompone en todos los tonos que la conforman.

Este pico en la longitud de onda es esencial para conocer las estrellas porque, cuanto más azul es su longitud de onda, más alta es la temperatura del objeto. Si el máximo de emisión cae en el rojo, la superficie está más fría, y vemos estas estrellas más rojas, incluso promediando toda su luz, porque sencillamente apenas producen luz azul. Por tanto, Antares y Betelgeuse han de tener una superficie bastante fría (para tratarse de estrellas) si

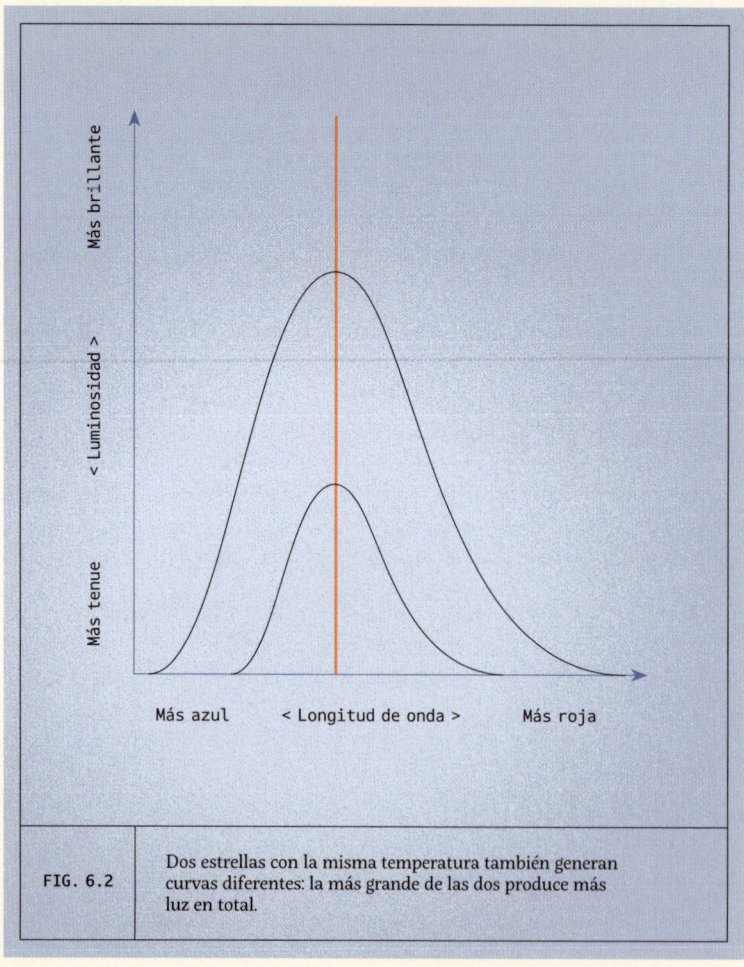

FIG. 6.2   Dos estrellas con la misma temperatura también generan curvas diferentes: la más grande de las dos produce más luz en total.

se nos muestran así de rojas en el cielo. En cambio, Sirio, la estrella más brillante del firmamento nocturno, tiene un brillo blanco y, de hecho, es más azul y más caliente que Arturo o Betelgeuse. Todas las estrellas generan luz de esta manera, así que si consigue descomponer la luz de una estrella y averiguar qué color de luz produce con más intensidad, podrá saber la temperatura de su superficie.

Este color más azulado de los astros más calientes también concuerda con el conocimiento que tenemos del interior de las estrellas más masivas. Como fusionan hidrógeno mucho más rápido para compensar el empuje de la gravedad hacia su interior, producen mucha más energía y, cuando esta alcanza la superficie, la totalidad de la estrella está mucho más caliente y, por tanto, es más azul.

Sin embargo, el color solo indica la temperatura de la superficie. No revela nada en realidad sobre el tamaño. Si se traza un diagrama de brillo frente a temperatura, por lo general existe una correlación entre más masa y temperaturas más elevadas, pero hay excepciones: a veces encontramos estrellas bastante masivas con una superficie fría. Este es el primer indicio de que las estrellas no siempre se mantienen en el equilibrio que hemos descrito hasta ahora. Este diagrama permite distinguir una estrella que tiene una temperatura superficial baja porque tiene poca masa de otra estrella que tiene temperatura superficial baja porque se ha expandido hasta alcanzar un tamaño descomunal y así, aunque no esté muy caliente, sí es muy luminosa. Si es muy masiva y muestra una superficie roja, será físicamente mucho más grande que una estrella que no tenga mucha masa. Y, si es mucho más grande, entonces tiene una superficie mucho mayor, lo que significa que, en conjunto, produce más luz, aunque genere las mismas longitudes de onda que una estrella más pequeña (fig. 6.2).

Betelgeuse vuelve a ser un buen ejemplo. Se ve muy roja, pero en parte es tan brillante porque físicamente es enorme. Tiene un tamaño unas mil veces mayor que el del Sol, pero esas dimensiones son inaccesibles para estrellas con la mitad de la masa del Sol, de modo que su temperatura en superficie es baja por otras razones de las que hablaremos en apartados posteriores.

LÁMINA 2

Un conjunto gravitatorio multicolor

El cúmulo abierto NGC 299 muestra estrellas de colores diversos, y todas ellas se formaron a partir de una misma nube de polvo y gas. Cúmulos estelares como este, situado en la Nube Menor de Magallanes a unos 200 000 años luz de distancia, ofrecen un laboratorio cósmico en el que estudiar la evolución de las estrellas.

por su bamboleo

Si bien algunas estrellas aparecen solas, como nuestro Sol, es muy común que se formen por parejas: alrededor del 45 por ciento de las estrellas similares al Sol parece tener alguna compañera, y esa cifra crece para estrellas más masivas. Para detectar estas compañeras, podemos buscar un temblor inesperado en su luz.

Solemos pensar que los objetos más pequeños orbitan alrededor de otros más pesados, como la Luna alrededor de la Tierra y la Tierra alrededor del Sol. En este tipo de sistemas, donde uno de los objetos es mucho más masivo que el otro, viene a ser así. Pero, en términos técnicos, siempre que dos objetos están ligados entre sí por la gravedad, ambos orbitan alrededor del centro de masas común. En el caso de la Tierra y el Sol, el centro de masas entre ambos objetos sigue estando más o menos centrado en el Sol, aunque no con absoluta exactitud. Pero si tenemos dos estrellas con la misma masa orbitando alrededor de su centro de masas común, entonces ambas orbitan alrededor de un punto del espacio vacío situado justo a medio camino entre los dos astros.

Si las estrellas están lo bastante cerca de nosotros y la perspectiva que tenemos desde la Tierra nos permite ver desde arriba la trayectoria circular que siguen ambos astros, podemos usar telescopios precisos y el tiempo suficiente para observar esas estrellas orbitándose entre sí. Esta información permite averiguar cómo se mueven, es decir, su órbita exacta. El dato más importante que obtendremos de este modo será cuánto tarda cada una de ellas en completar una vuelta de su órbita. Esa información permitirá entonces determinar la masa de ambos astros y esto, a su vez, calcular su duración, entre otras muchas cosas.

Existe una relación entre el tiempo que tarda cualquier objeto en completar una órbita y la cantidad total de masa que hay en el sistema. Esto deriva directamente del conocimiento que tenemos de las leyes de la gravedad. También necesitamos saber cuánto distan entre sí ambos astros, pero, si podemos ver su movimiento y calcular a qué distancia están de nosotros, entonces deberíamos ser capaces de reunir todas las piezas que necesitamos (fig. 7.1).

La mayoría de las veces, la geometría no nos es favorable: hay muchos más alineamientos posibles entre nosotros y los astros que esa perspectiva desde arriba que nos ofrecería el ángulo perfecto. Cuando

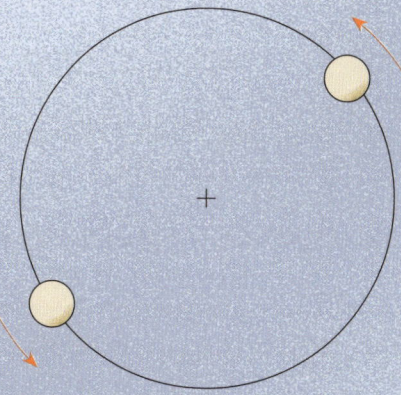

Estrellas con masas iguales

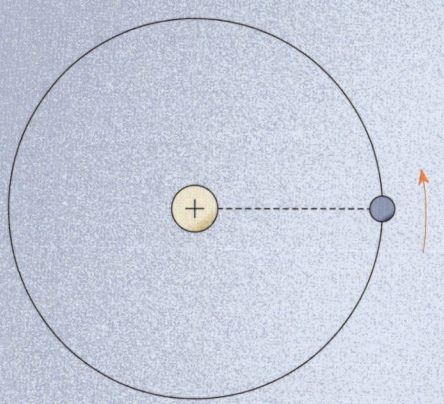

Tierra y Sol

| FIG. 7.1 | Cuando dos objetos tienen masas desiguales, orbitan aproximadamente alrededor del objeto más masivo, pero en rigor lo hacen alrededor del centro de masas común entre ambos. Cuando los objetos tienen masas iguales, orbitan alrededor de un punto en el espacio vacío que se encuentra exactamente a medio camino entre los dos. |

la visión es inclinada, podemos aprovechar la circunstancia de que la órbita de las estrellas las obliga a pasar la mitad del tiempo acercándose a nosotros y la otra mitad alejándose.

De una forma parecida al desplazamiento Doppler que sufre una sirena o el claxon de un vehículo (ese cambio de un tono agudo a uno grave cuando nos adelanta), la luz también está afectada por lo mismo, solo que en este caso lo que cambia es la distancia que separa las ondas de luz en lugar de las ondas de sonido. Cuando las ondas de luz están más juntas, la percibimos de color más azul, y cuando están más separadas, vemos una luz más roja. No hemos desplegado mucho ingenio al llamarlos «desplazamiento hacia el azul» y «desplazamiento hacia el rojo», pero

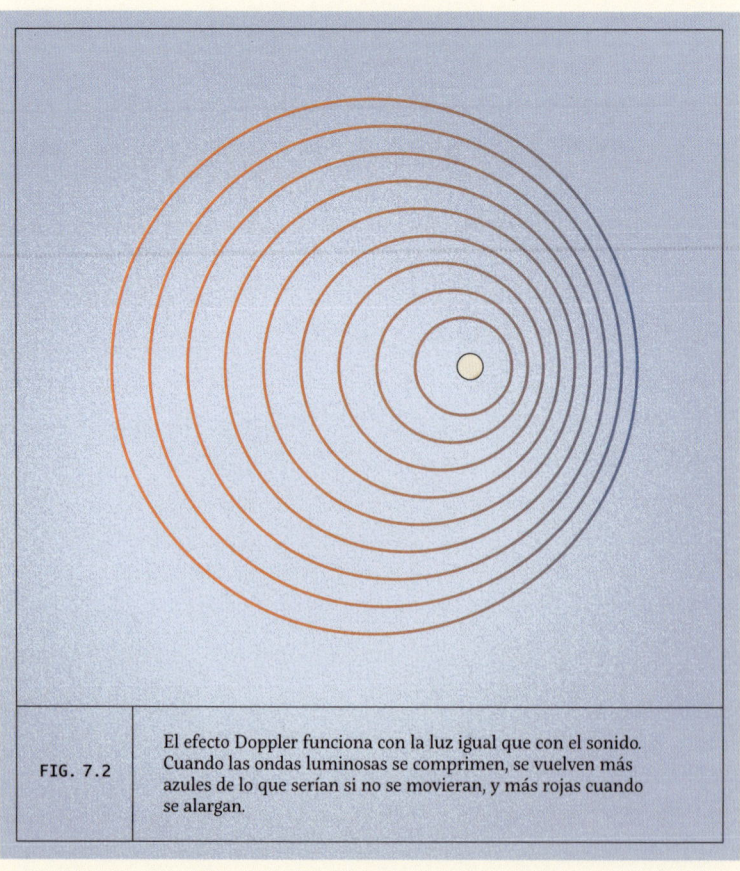

FIG. 7.2   El efecto Doppler funciona con la luz igual que con el sonido. Cuando las ondas luminosas se comprimen, se vuelven más azules de lo que serían si no se movieran, y más rojas cuando se alargan.

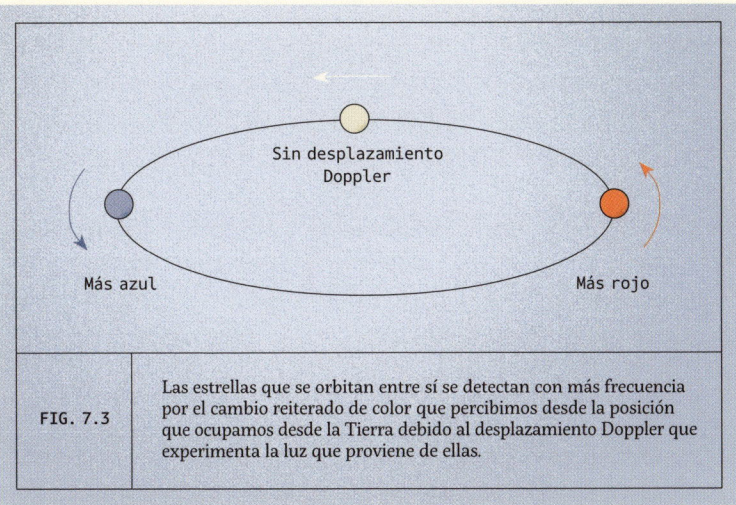

Sin desplazamiento
Doppler

Más azul

Más rojo

FIG. 7.3	Las estrellas que se orbitan entre sí se detectan con más frecuencia por el cambio reiterado de color que percibimos desde la posición que ocupamos desde la Tierra debido al desplazamiento Doppler que experimenta la luz que proviene de ellas.

es algo que puede ocurrir siempre que un objeto brillante se mueva con respecto a nuestra atalaya desde la Tierra (fig. 7.2).

Las estrellas que forman parejas orbitales fluctúan entre un desplazamiento hacia el azul, otro al rojo, al azul y, de nuevo, al rojo. El tiempo que tardan en alternarse estos desplazamientos Doppler nos indica cuánto tardan las estrellas en completar una órbita. Y, en lugar de ver qué separación presentan en el cielo para calcular cuánto distan entre sí, podemos observar a qué velocidad orbitan. El tiempo que tardan en completar un giro y la velocidad ya nos permiten calcular el tamaño de las órbitas y de ahí derivar, a su vez, cuánto distan del centro común. Y todo eso lo conseguimos ¡sin ver moverse las estrellas! (fig. 7.3).

El inconveniente de este procedimiento es que por lo general no podemos calcular la masa de cada estrella individual, sino que obtenemos la suma de las dos. Por tanto, si con este método averiguamos que la masa total de ambas asciende a 3 masas solares, podría ser que una de ellas tuviera 1 masa solar y la otra 2, o que ambas tuvieran 1.5 masas solares, o bien que una de ellas tuviera 1.4 y la otra 1.6 masas solares. Sin información adicional sobre ambas compañeras es imposible conocer la masa exacta de cada una, pero, puesto que tampoco podemos ver con claridad cada una de ellas de forma aislada, ya nos va bastante bien inferir la suma de las dos.

por su magnitud

También podemos medir el brillo de las estrellas continuando una labor que comenzó en la Antigüedad. Los astrónomos de entonces observaban el cielo con los telescopios más avanzados que tenían a su alcance: los ojos. Así que, cuando empezaron a confeccionar catálogos con la posición que ocupan las estrellas en el firmamento, no solo anotaron en qué lugar se encontraban, sino también su brillo. Gracias a la ausencia total de contaminación lumínica antes de la invención del alumbrado industrial, aquellos primeros registradores tenían gran cantidad de estrellas para catalogar. El primer registro estelar conocido es el que preparó el astrónomo griego Hiparco probablemente en torno al año 135 antes de nuestra era y, durante muchos años, el único vestigio de su existencia se encontraba en las referencias que se hacían a él en otros escritos. Sin embargo, en 2022 se descubrió una transcripción de un fragmento de él escondida en un pergamino que había sido raspado y reutilizado en algún momento entre los años 800 y 900 de nuestra era.

Los antiguos griegos disponían de herramientas mecánicas para medir la posición de los astros en el cielo, aunque el mejor sistema que tenían para medir el brillo eran los ojos. ¿Cuánto brilla una estrella observada a simple vista? Hiparco fue el primero en tomar nota de ese brillo, pero fue en el *Almagesto* de Ptolomeo, publicado hacia el año 137 de nuestra era, donde se propuso una clasificación de las estrellas en seis categorías de brillo. Las «más brillantes», las de primera magnitud, iban seguidas por las de segunda magnitud, más débiles, y así hasta llegar a las estrellas de sexta magnitud, que es el límite de brillo que alcanza a ver el ojo humano a simple vista en cielos oscuros.

Con los avances tecnológicos surgió la necesidad de estandarizar un poco las cosas. En 1850, en lugar de limitarse a clasificar las estrellas en seis categorías, se determinó que las estrellas de primera magnitud eran alrededor de 2.5 veces más brillantes que las de segunda magnitud. De hecho, todo el sistema de magnitudes desarrollado por los griegos de la Antigüedad resultó ser logarítmico: cinco magnitudes implicaban un cambio de brillo de un factor 100 (fig. 8.1).

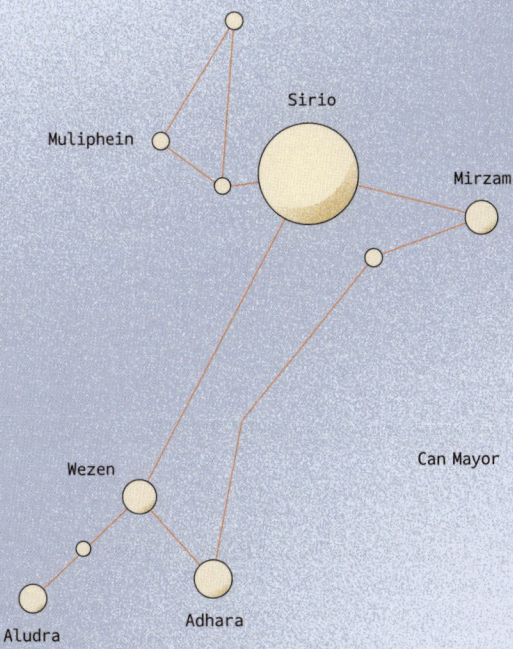

Muliphein

Sirio

Mirzam

Wezen

Can Mayor

Aludra

Adhara

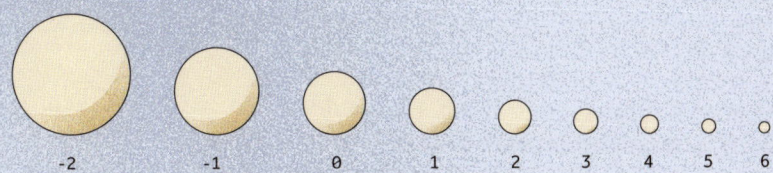

-2   -1   0   1   2   3   4   5   6

Escala de magnitudes

| FIG. 8.1 | Los griegos de la Antigüedad idearon un sistema para clasificar el brillo aparente de las estrellas en el cielo nocturno, desde las más débiles observables (de sexta magnitud) hasta las más brillantes (de primera magnitud). Aquí ilustramos la constelación del Can Mayor con las estrellas a escala de acuerdo con sus magnitudes. |

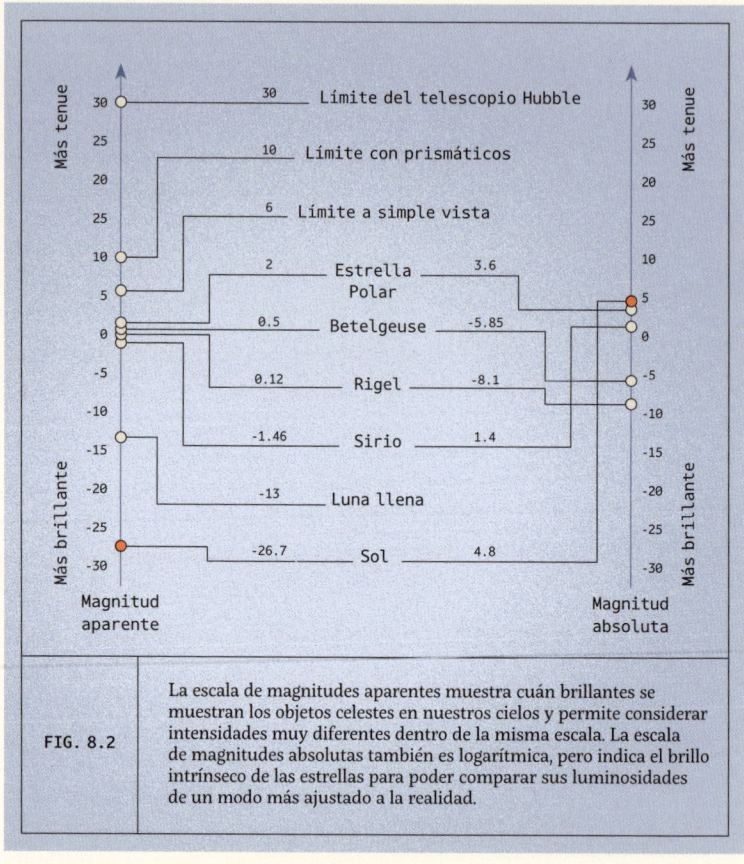

FIG. 8.2

La escala de magnitudes aparentes muestra cuán brillantes se muestran los objetos celestes en nuestros cielos y permite considerar intensidades muy diferentes dentro de la misma escala. La escala de magnitudes absolutas también es logarítmica, pero indica el brillo intrínseco de las estrellas para poder comparar sus luminosidades de un modo más ajustado a la realidad.

El hecho de que el sistema de magnitudes fuera logarítmico permitía colocar dentro de la misma escala objetos de brillos extremadamente diferentes sin que los números se volvieran demenciales. Y la estandarización de la escala permitió abandonar las magnitudes en números redondos y empezar a clasificar las estrellas mediante números con decimales: una estrella de magnitud 3.5 es más débil que una de 3.2, y ambas son más débiles que otra de magnitud 1.2.

Por desgracia, al estandarizar las magnitudes se vio que algunos de los objetos que antes eran de «primera magnitud» no tenían realmente el mismo brillo, y hubo que colocar algunos dentro de una categoría aún más brillante que la primera magnitud. La única opción posible era emplear números negativos. Así que, para disgusto de toda la comunidad astronómica, los objetos más brillantes del cielo nocturno tienen magnitudes negativas. Visto desde la Tierra, el Sol tiene una magnitud -26.7 (fig. 8.2).

Hablamos de magnitudes aparentes, es decir, del brillo que nos muestran los objetos al observarlos desde la Tierra, y en ello influyen dos factores: en primer lugar, el brillo intrínseco del objeto y, en segundo lugar, su cercanía a nosotros. El Sol no tiene un brillo intrínseco extremo a una escala astrofísica, de modo que su magnitud aparente de -26.7 se debe a que está increíblemente cerca de nosotros.

Siguiendo con la estandarización, también hemos desarrollado un sistema denominado *magnitud absoluta*, que se corresponde con la magnitud que veríamos si pudiéramos situar todos los objetos del cielo a la misma distancia de la Tierra para observarlos en igualdad de condiciones. La distancia de referencia se ha fijado de manera arbitraria en 32.6 años luz (10 pársecs), pero en principio podría servirnos cualquier distancia siempre que empleemos la misma. Por tanto, la magnitud absoluta es una herramienta para corregir las distancias y poder comparar el brillo intrínseco de los objetos. La magnitud absoluta del Sol es +4.83. Esto significa que, debido a su cercanía, lo vemos unos 4 billones (4.1×10^{12}) de veces más brillante de lo que se mostraría si distara de nosotros 32.6 años luz.

A Sirio, la estrella más brillante del cielo nocturno, le pasa algo parecido, aunque no tan exagerado. Tiene una magnitud aparente de -1.46, pero, como también está bastante cerca de nosotros, la magnitud absoluta de esta estrella es +1.4, catorce veces más débil de como la vemos en el firmamento. Por el contrario, la estrella Rigel, de la constelación de Orión, tiene una magnitud aparente de +0.12: es la octava estrella más brillante del cielo si contamos el Sol. Sin embargo, tiene una magnitud absoluta de -8.1. Como esta estrella está más lejos que la distancia de referencia que hemos establecido, de 32.6 años luz, la vemos más débil de lo que sería si se encontrara más cerca: unas 1900 veces más débil, en realidad.

Todas las estrellas que tenemos al alcance de la vista tienen su brillo aparente condicionado por el balance entre el brillo intrínseco y la distancia. Las estrellas poco luminosas se nos muestran más brillantes si se encuentran más cerca de nosotros, y las estrellas muy luminosas se nos muestran más tenues si están lejos. Ambos factores se combinan para facilitar la visión concreta que tenemos de las estrellas.

por su nacimiento

Saber cómo se forma una estrella nos permite empezar por el principio. Todas las estrellas se forman de la misma manera. Inician su existencia en forma de una inmensa nube de gas que no se parece en nada al plasma abrasador de una estrella plenamente formada. Una nube de gas con suficiente masa para formar una estrella parece ser el único ingrediente necesario para que surja una estrella, aunque hay algunos requisitos más que también deben darse. El primero es que el gas ha de estar relativamente frío. Si el gas está demasiado caliente, la gravedad puede pasarse todo el tiempo que quiera tirando de él hacia dentro para compactarlo, pero la temperatura será lo bastante elevada como para contrarrestar esa presión hacia el interior. En segundo lugar, incluso disponiendo de una nube de gas más fría, hace falta tiempo.

O bien la nube de gas acaba por desplomarse hacia el interior sobre sí misma debido a la compresión constante que ejerce la gravedad, o bien puede haber algo que la empuje, como alguna explosión cercana que llegue hasta ella y la comprima lo justo para desestabilizarla y desencadenar el colapso. En cualquier caso, la gravedad es clave una vez que este comienza y pone en marcha el proceso para que se forme una nueva estrella.

En un mundo más simple, esta nube de gas podría limitarse a colapsarse sobre sí misma por igual en todas direcciones, pero el universo en el que residimos no es así de sencillo. En realidad, todas las nubes de gas están en movimiento y, cuando la nube de gas empieza a contraerse, cobra bastante relevancia una propiedad denominada momento angular. El ejemplo más conocido de este fenómeno lo vemos en el patinaje artístico cuando se inicia un giro con los brazos desplegados y al apretarlos contra el cuerpo la velocidad de giro aumenta de una forma impresionante. Para aplicar esto mismo a las estrellas, basta con ampliar la escala (fig. 9.1).

Cuando empieza el colapso de una nube de gas, ese proceso se emprende a lo largo y ancho de toda la nebulosa. Pero, a medida que la gravedad empuja la nube hacia el interior, la débil deriva que la nube tuviera en un principio la hará girar más deprisa. A medida que esa deriva se convierta en una rotación rotunda, la nube de gas desarrollará un eje de rotación general alrededor del cual girará todo el gas. A lo largo de ese eje, es bastante fácil que el material se precipite hacia el interior siguiendo sencillamente la gravedad «hacia abajo», hacia el centro de la nube.

FIG. 9.1   Antes de que comience la fusión en el núcleo de una estrella, el objeto, denominado protoestrella, se colapsa a partir de una gran nube de gas y polvo en un disco protoplanetario que tardará unos 50 millones de años en dar lugar a una estrella semejante al Sol.

Sin embargo, mientras continúa el tirón de la gravedad hacia dentro, el material perpendicular al eje de rotación, situado a 90 grados, cae hacia el centro de manera gradual y cada vez se enfrenta a más resistencia debido a la fuerza centrífuga. Parte de este material se encuentra en una órbita estable, en un disco que circunda una densa acumulación central que es donde se ha amalgamado la mayoría de la nube de gas inicial (fig. 9.1).

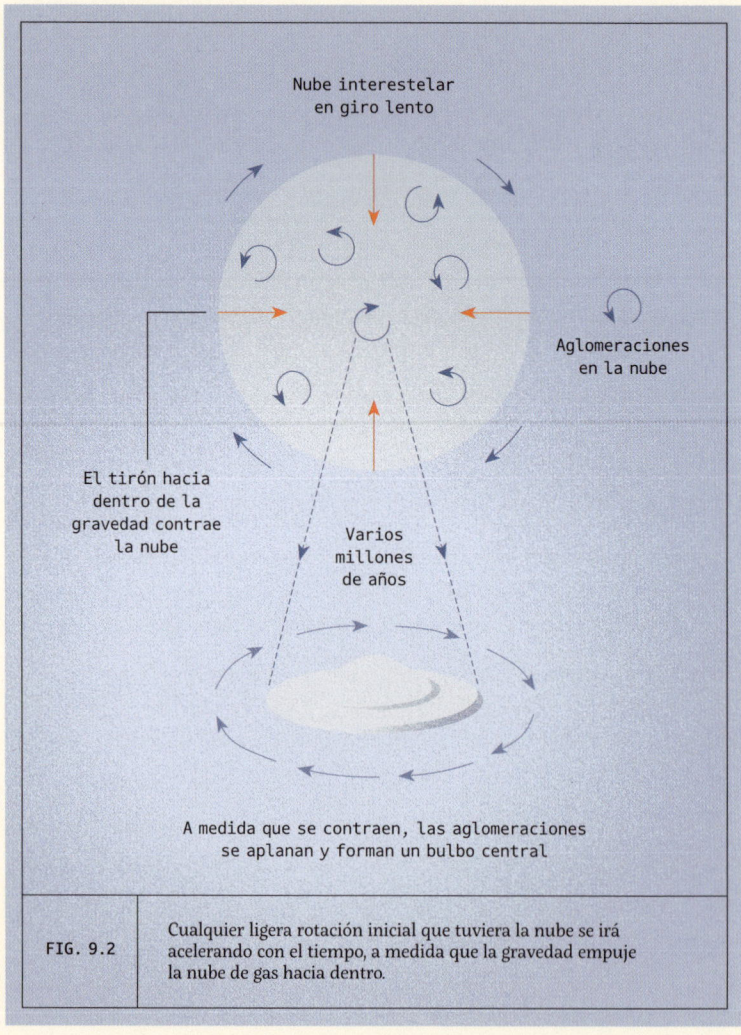

Nube interestelar
en giro lento

Aglomeraciones
en la nube

El tirón hacia
dentro de la
gravedad contrae
la nube

Varios
millones
de años

A medida que se contraen, las aglomeraciones
se aplanan y forman un bulbo central

FIG. 9.2   Cualquier ligera rotación inicial que tuviera la nube se irá acelerando con el tiempo, a medida que la gravedad empuje la nube de gas hacia dentro.

Al llegar a este punto se habrá formado una protoestrella. El objeto que ocupa el centro de la nube de gas inicial se ha calentado tras comprimirse lo suficiente, por efecto de la gravedad, como para que la presión del gas haya empezado a calentar el material, pero aún no ha alcanzado una temperatura lo bastante alta como para iniciar la fusión. El material circundante, denominado disco protoplanetario, es el que podrá formar futuros planetas.

El calor de la protoestrella empezará ahora a destruir el disco protoplanetario evaporando los materiales más ligeros y generando un viento protoestelar que también apartará los materiales más pesados de la estrella incipiente. En cuanto haya despejado de gas y polvo el espacio más próximo a ella, la protoestrella ya no adquirirá más masa y se colapsará despacio hasta que el núcleo alcance la temperatura suficiente para desencadenar las primeras reacciones de fusión. En ese momento, la protoestrella evoluciona hasta convertirse en una estrella propiamente dicha e inicia una etapa de estabilidad que durará millones o miles de millones de años, dependiendo de cuánta cantidad de masa consiga acumular durante la fase protoestelar.

El proceso de colapso tardará entre 1 y 100 millones de años en completarse, dependiendo de la masa de la estrella en gestación: las estrellas más masivas se colapsan más rápido que las ligeras (fig. 9.2).

No hay ninguna regla que dictamine que una nube deba colapsarse en una sola estrella y, de hecho, parece probable que en la mayoría de los casos no ocurra así, dada la frecuencia con que encontramos estrellas agrupadas en cúmulos o en pares físicos. Si una nube de gas bastante grande empieza a colapsarse en su totalidad al mismo tiempo, es fácil que dé lugar a cientos de estrellas. Por ejemplo, el cúmulo estelar de las Pléyades contiene unas pocas estrellas brillantes detectables a simple vista, pero hay más de 1000 estrellas adicionales que conforman ese grupo.

El espectacular comienzo de una estrella

Imagen en luz infrarroja de una protoestrella obtenida por el telescopio espacial James Webb. La fina banda oscura horizontal que se ve en el centro de la imagen es el disco protoplanetario, y los conos brillantes que se extienden en vertical están iluminados por la luz de la estrella en formación.

como portadora de planetas

El proceso de formación de planetas en torno a una estrella nos lleva desde un remolino de gas a mundos individuales. El disco protoplanetario es algo más que el 0.1 por ciento del material sobrante que no llegó a convertirse en estrella. En muchos casos, mientras la protoestrella se esfuerza por convertirse en estrella, el disco protoplanetario permanece ocupado para pasar de ser una vaga neblina de gas y polvo a transformarse en algo más elaborado.

En el interior del disco protoplanetario comienzan a formarse pequeños grumos de material. Cerca de la protoestrella, donde el calor que desprende es más intenso, el material que se condensa está formado principalmente por sustancias rocosas, mientras que más lejos pueden condensarse pequeños trozos tanto de roca como de hielo. Esto suele ir más allá del hielo de agua, y se aplica a materiales que también están en la mezcla y que en la Tierra serían gases, como metano, nitrógeno o amoníaco.

Si esperamos unos millones de años, este caos de pequeños trozos de materia se habrá convertido en un montón algo menos caótico de objetos bastante mayores. Estos se transformarán en nuestros asteroides y en las semillas de lo que acabarán siendo planetas, pero por ahora reciben el apelativo de «planetesimales». Se consideran planetesimales los objetos de menos de 100 kilómetros de diámetro, pero que suelen alcanzar más de 1 kilómetro. A partir de este umbral, el planetesimal empieza a imponer su propia gravedad para incorporar más materiales. Si está cerca de la estrella, lo único que puede hacer para crecer es chocar contra otros objetos, pero, si se halla en los dominios más alejados del sistema planetario, entonces será capaz de atraer gas y hielo por gravedad. Una vez que el planetesimal supera los 96 kilómetros de tamaño, se convierte oficialmente en un protoplaneta (fig. 10.1).

Entretanto, la protoestrella ya se habrá formado y despejará de materiales las regiones interiores del sistema en unas decenas de millones de años. Esto pondrá fin a la formación de planetesimales y garantizará que la única manera de que crezcan cuerpos rocosos mayores sea por medio de fuertes colisiones. Es probable que ya se hubiera formado la mayoría de los planetas de nuestro sistema cincuenta millones de años después de que el Sol iniciara la fusión nuclear. Probablemente, Júpiter se formó con relativa rapidez y creció deprisa, lo que dio lugar a un planeta que tiene más del doble de masa que el resto de los planetas juntos.

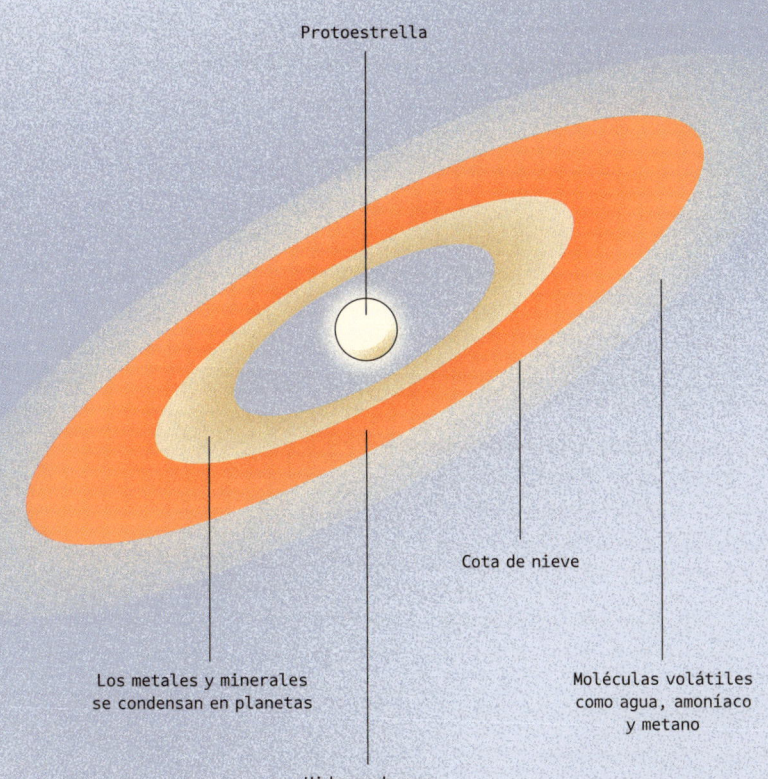

Protoestrella

Cota de nieve

Los metales y minerales
se condensan en planetas

Moléculas volátiles
como agua, amoníaco
y metano

Hidrocarburos
aromáticos
policíclicos (HAP)

FIG. 10.1   Los protoplanetas se forman a partir del disco protoplanetario,
el 0.1 por ciento del material que no se integró en la estrella. Crecen
a lo largo de decenas de millones de años, chocando con otros
planetesimales para formar los planetas que conocemos hoy.

En el Sistema Solar, parece que los planetas exteriores se volvieron temporalmente inestables en sus órbitas primitivas, las cuales podrían haber estado más cerca del Sol. Se desplazaron a sus órbitas actuales unos 550 millones de años después de que comenzara la fusión en el Sol, lo que tal vez desencadenara el proceso, particularmente desagradable, por el que grandes asteroides golpearon todos los planetas rocosos. Sin embargo, en general, nuestro Sistema Solar se mantuvo bastante ordenado. Todos los planetas rocosos están en el Sistema Solar interior, y luego tenemos una serie de planetas gigantes de gas y hielo más alejados.

Se podría pensar que, con los ocho planetas del Sistema Solar, desde la estéril superficie de Mercurio hasta el no menos estéril pero atmosféricamente opresivo Venus, pasando por los vientos de Neptuno y los anillos de Saturno, se cubren todas las opciones de cómo podrían ser los planetas. Pero, tras haber investigado montones de estrellas y sus planetas en las últimas décadas, hemos aprendido que muchos sistemas planetarios extrasolares no se parecen en nada al nuestro.

Muchos tienen planetas que denominamos *júpiter calientes*. Se trata de planetas del tamaño de Júpiter, pero que a menudo orbitan más cerca de su estrella que Mercurio alrededor de nuestro Sol. Son mundos alienígenas que evaporan con entusiasmo sus propias atmósferas, tremendamente inhóspitos, con temperaturas atmosféricas de miles de grados (fig. 10.2).

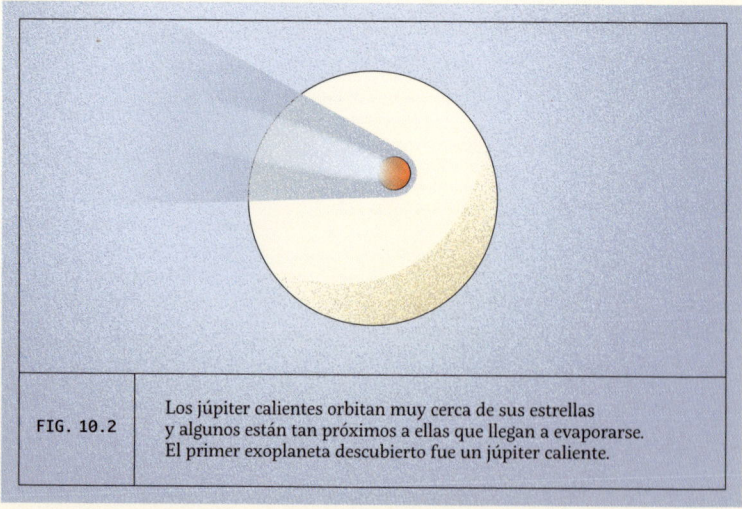

FIG. 10.2 Los júpiter calientes orbitan muy cerca de sus estrellas y algunos están tan próximos a ellas que llegan a evaporarse. El primer exoplaneta descubierto fue un júpiter caliente.

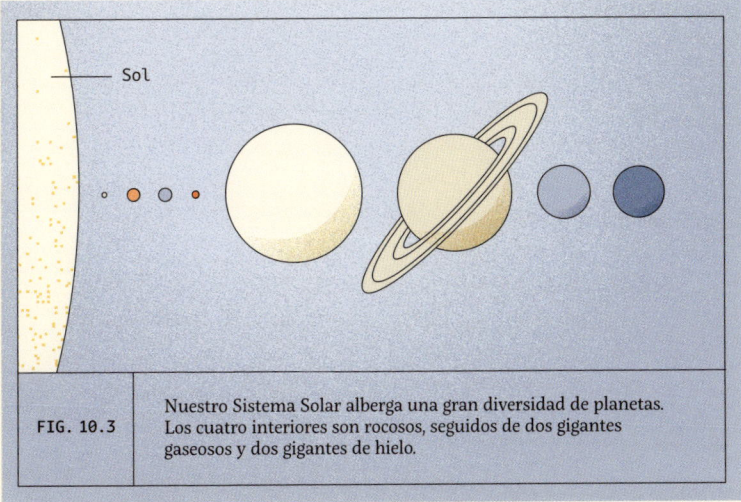

FIG. 10.3 | Nuestro Sistema Solar alberga una gran diversidad de planetas. Los cuatro interiores son rocosos, seguidos de dos gigantes gaseosos y dos gigantes de hielo.

Hay otra clase de planetas que está ausente en el Sistema Solar, pero que han sacado a la luz los telescopios espaciales Kepler y TESS. Se trata de mundos que llenan el hueco que media entre los similares a la Tierra y los parecidos a Neptuno, apodados *supertierras* o *minineptunos*, dependiendo de a cuál tengan más probabilidad de parecerse. La Tierra es el mayor de los mundos rocosos, y el más pequeño de los planetas gigantes gaseosos es Urano, con unas 14.5 veces la masa de la Tierra, por lo que existe una brecha en el tamaño de los planetas del Sistema Solar. Otros sistemas planetarios nos han demostrado que no es imposible que se formen planetas en este hueco; simplemente, eso no sucedió en el nuestro (fig. 10.3).

Estos mundos intermedios son desconcertantes, porque los planetas situados entre una masa terrestre y las 14 masas terrestres de Urano llevan al límite las explicaciones sobre su formación. Es posible que algunos de ellos sean versiones rocosas y gigantes de la Tierra. Otros pueden ser enormes análogos de Mercurio, desprovistos de cualquier tipo de atmósfera. Varios podrían ser verdaderos neptunos: mundos pequeños, cargados de atmósfera, sin superficie real digna de tal nombre. Algunos podrían estar cubiertos de agua, con una atmósfera opresivamente pesada y espesa sobre la superficie acuosa. Otros, como 55 Cancri e, podrían albergar un enorme océano de lava. En todos los casos, continúa el esfuerzo para comprender, desde la distancia, la naturaleza de todos estos planetas.

por las auroras polares

En algunas atmósferas planetarias aparece un brillo inusual: las auroras polares. Este fenómeno en nuestra atmósfera demuestra que vivimos alrededor de una estrella dinámica. Las auroras polares en sí las provoca el choque contra la atmósfera del viento solar, una corriente constante de partículas cargadas que fluyen hacia el exterior desde la superficie del Sol y que cruzan todo el Sistema Solar.

Normalmente, nuestra atmósfera está bastante protegida del viento solar gracias al campo magnético que rodea la Tierra. Sin embargo, en los polos magnéticos norte y sur, hay caminos abiertos para que las partículas del viento solar alcancen la atmósfera e interactúen con el gas que contiene, lo que hace que brille. Por eso, estos fenómenos se ven con más facilidad cerca de los polos magnéticos. Y si el viento solar fuera completamente constante, con el Sol como entidad totalmente estable en nuestro Sistema Solar, este podría ser el punto final de la historia.

Sin embargo, el viento solar no es constante y hay momentos en los que se vuelve más denso. Cuando se produce una «tormenta solar», la visibilidad de las auroras aumenta drásticamente.

Las tormentas solares más espectaculares se producen como resultado de una «eyección de masa coronal» (EMC) en el Sol. Se trata de una gran cantidad de material que sale despedido con brusquedad de la superficie de la estrella y que tarda unos tres días en alcanzar la Tierra, en caso de que la eyección apunte hacia nosotros. La mayoría de las EMC no van en nuestra dirección, y se limitan a brindar imágenes espectaculares si se observan con cualquiera de los satélites con los que monitorizamos la actividad solar. Dado que disponemos de un buen número de estas naves espaciales, en la actualidad solemos recibir avisos sobre la llegada de una tormenta solar con tres días de antelación (fig. II.I).

Las eyecciones de masa coronal son más frecuentes cuando el campo magnético del Sol está especialmente enmarañado. Este enredo se produce con una cadencia de once años, así que, si le apetece ir a ver auroras polares, hay un período de unos pocos años cada once en el que son más probables.

Cuando las partículas emitidas en una EMC alcanzan nuestra atmósfera, ya sea doblando el campo magnético para exponer la atmósfera norte y sur o simplemente enredándose en las líneas de campo magnético y trazando recorridos en espiral en torno a esas líneas, descienden hasta

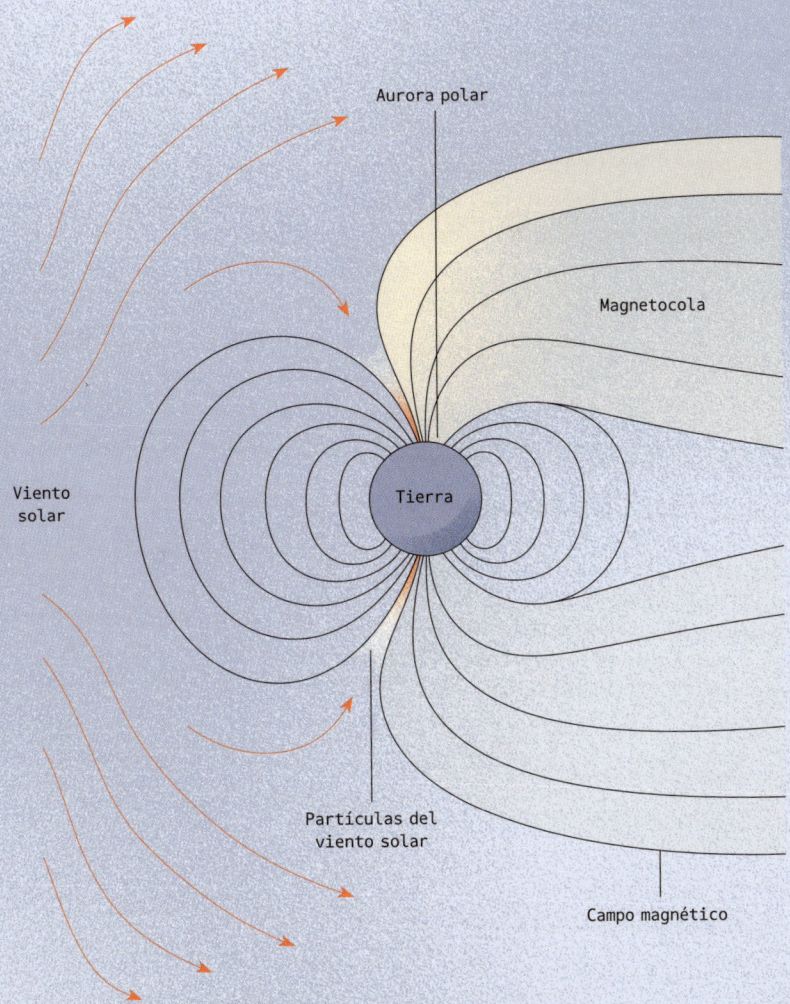

Aurora polar

Magnetocola

Viento
solar

Tierra

Partículas del
viento solar

Campo magnético

| FIG. 11.1 | Las auroras polares se forman cuando el viento solar penetra en la atmósfera superior de la Tierra, ioniza los átomos y los hace brillar. Si el viento solar es fuerte, como tras una eyección de masa coronal, las auroras polares son visibles desde más zonas de la Tierra. |

chocar con los átomos de gas que componen el aire. Estas partículas portan tanta energía que logran ionizar el gas, que entonces brilla. El oxígeno luce en tonos rojos y verdes, y el nitrógeno se nos revela de color azul (fig. II.2).

Las auroras polares han quedado registradas a lo largo de la historia y a través de las culturas a menudo como un intenso resplandor rojo en el cielo. El episodio reciente más espectacular fue el del evento de Carrington en 1859, resultado de una gran EMC que golpeó la Tierra en la era de la industrialización. El mundo funcionaba aún con cables

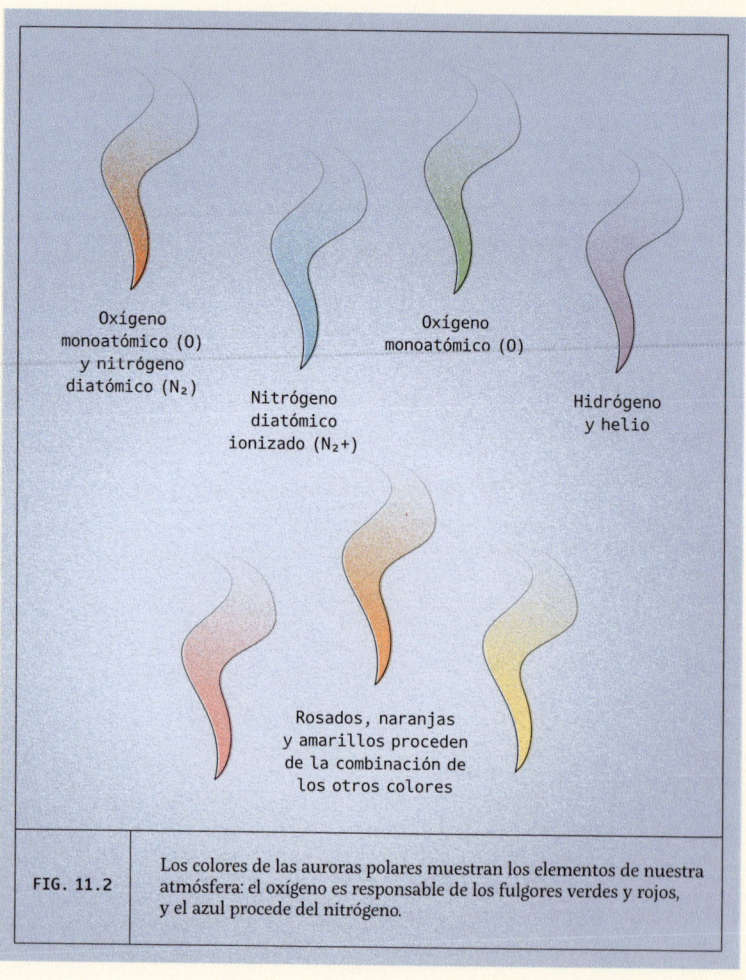

Oxígeno
monoatómico (O)
y nitrógeno
diatómico (N₂)

Oxígeno
monoatómico (O)

Nitrógeno
diatómico
ionizado (N₂+)

Hidrógeno
y helio

Rosados, naranjas
y amarillos proceden
de la combinación de
los otros colores

FIG. 11.2   Los colores de las auroras polares muestran los elementos de nuestra atmósfera: el oxígeno es responsable de los fulgores verdes y rojos, y el azul procede del nitrógeno.

telegráficos y no había una red eléctrica moderna, y aun así la interrupción de las comunicaciones a escala global fue considerable. En el mundo actual, se cree que un acontecimiento similar causaría una «disrupción sustancial» de la red eléctrica, lo que es una forma muy sutil de decir que una gran parte de ella se fundiría, acontecimiento que depararía apagones a nivel planetario.

El evento de Carrington fue o bien una EMC intensa o algo que se le pudo parecer al juntarse dos EMC moderadas que llegaron más o menos a la vez. Una tormenta solar más débil, pero aún así extremadamente perturbadora, que causó apagones en Quebec en 1989, también pudo tener su causa en dos EMC encadenadas. El evento de Carrington no parece ser demasiado especial. Una potente EMC en 2012 con la capacidad de provocar un evento similar al de Carrington simplemente tuvo el gran detalle de no apuntar a la Tierra. Si nos fijamos en los registros históricos, se aprecia una cadencia media de un evento de tipo Carrington golpeando la Tierra cada 150 años aproximadamente.

En principio, cualquier planeta con un campo magnético fuerte que sea alcanzado por una EMC podría presentar auroras polares. Incluso Marte, con su débil campo magnético, las tiene, y sus paisajes rojos podrían verse iluminados por cielos verdes de oxígeno resplandeciente cuando el Sol está activo. Más espectaculares son las fascinantes imágenes de las auroras polares en Júpiter y Saturno. Estos fenómenos brillan con luz ultravioleta en ambos planetas, pero mientras que las de Saturno están motivadas por el viento solar, al igual que las de la Tierra, las de Júpiter se producen con mayor potencia y constancia que las de aquí. Júpiter cuenta con una fuente constante de partículas de alta energía mucho más cercana que el Sol: su satélite Ío, un mundo volcánico. Ío vierte en el entorno de Júpiter gran cantidad de partículas que se asemejan a las que el viento solar aporta a la Tierra. Así, en lugar de tener auroras polares que irrumpen y desaparecen, Júpiter muestra una tormenta permanente en sus polos.

en un diagrama

Con tantas propiedades diferentes que cambian la forma en que vemos una estrella, este es un buen momento para empezar a averiguar cuáles se correlacionan entre sí. Hay una herramienta, en especial, que relaciona muchas de las propiedades de las que hemos hablado hasta ahora: el diagrama de Hertzsprung-Russell, o diagrama HR para abreviar.

En este diagrama se sitúa el color de la estrella a lo largo del eje horizontal, que va del más azul en la parte de la izquierda al más rojo a la derecha. Como ya sabemos que el color de la superficie de una estrella nos habla de su temperatura, a veces este eje se etiqueta con la temperatura calculada a partir del color en lugar del color directamente, pero se trata de la misma información.

En el eje vertical vamos a colocar el brillo de la estrella. Esto puede hacerse empleando la magnitud absoluta o traduciendo las magnitudes a la energía que la estrella produce cada segundo: de nuevo, se trata de dos versiones distintas de una misma cosa.

Con nuestro diagrama preparado, ya podemos tomar cualquier grupo de estrellas y ver dónde se sitúan en este espacio. En general, sea cual sea el grupo de estrellas que observemos, la gran mayoría de ellas se situará a lo largo de una línea diagonal, desde el extremo rojo y débil del diagrama en la parte inferior derecha, hacia el rincón más azul y brillante del gráfico. Esta línea diagonal se denomina secuencia principal, y es donde se encuentran todas las estrellas que están fusionando en sus núcleos hidrógeno para producir helio.

Colocar el Sol en el diagrama HR es tan fácil como representar ahí cualquier otra estrella, y lo encontramos más o menos hacia el centro, tanto en temperatura como en brillo. Esto es, en parte, lo que queremos decir cuando afirmamos que el Sol es una estrella media (fig. 12.1).

Antes hemos mencionado que la masa de una estrella controla la rapidez con la que se produce la fusión en su núcleo, y que cuanto más veloz sea la fusión, más caliente debe ser la estrella. Por tanto, esta secuencia principal es también una secuencia de masas. En la esquina inferior derecha se encuentran las estrellas de menor masa, que consumen su combustible de hidrógeno lentamente; y, a medida que nos acercamos a la parte superior izquierda del diagrama, nos vamos encontrando estrellas más pesadas, que deberían agotar su combustible con rapidez.

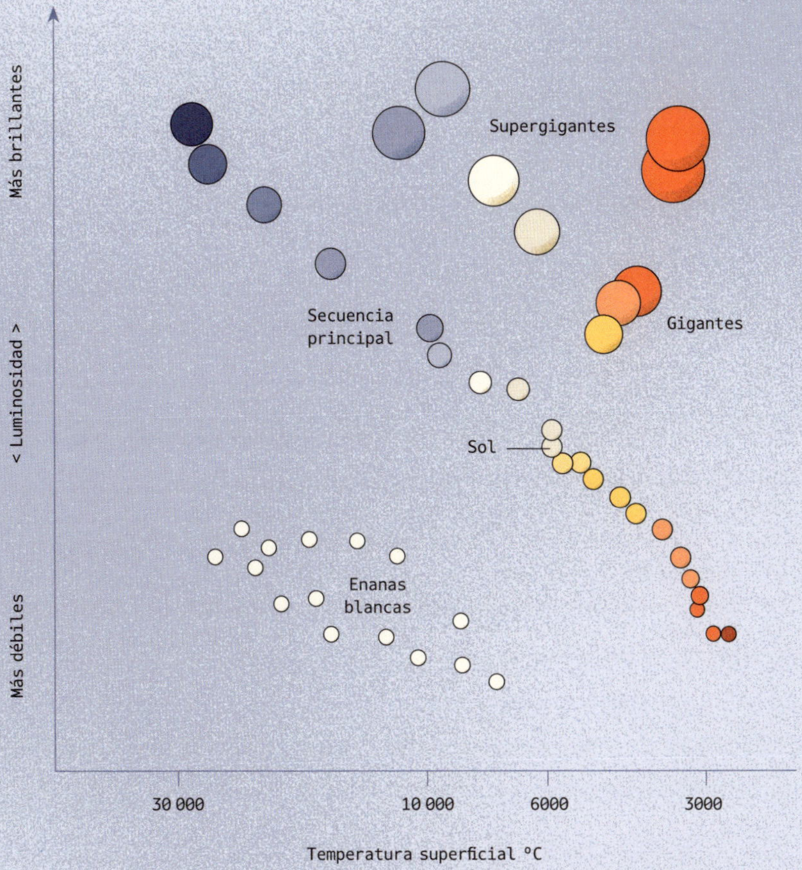

Más brillantes

< Luminosidad >

Más débiles

Supergigantes

Secuencia
principal

Gigantes

Sol

Enanas
blancas

30 000   10 000   6000   3000

Temperatura superficial °C

| FIG. 12.1 | Un diagrama HR permite situar todas las estrellas en relación unas con otras. La mayoría de las estrellas residen en la secuencia principal, que también recorre la sucesión de masas de las estrellas que fusionan hidrógeno en sus núcleos. |

Aunque la mayoría de las estrellas se encuentra en la secuencia principal, hay una población considerable de estrellas que se apartan de ella. Se trata de astros que ahora están haciendo algo diferente en sus núcleos. Han agotado todo el hidrógeno disponible y han tenido que cambiar el método con el que mantienen el equilibrio gravitatorio. Hay tres grandes clases de estrellas fuera de la secuencia principal: las gigantes rojas, que ocupan el sector brillante pero frío de la parte superior derecha del diagrama; las enanas marrones, que se extienden por la esquina inferior derecha, extremadamente fría y tenue, y las enanas blancas, que llenan la región inferior izquierda, tal como corresponde a objetos sumamente tenues pero muy calientes.

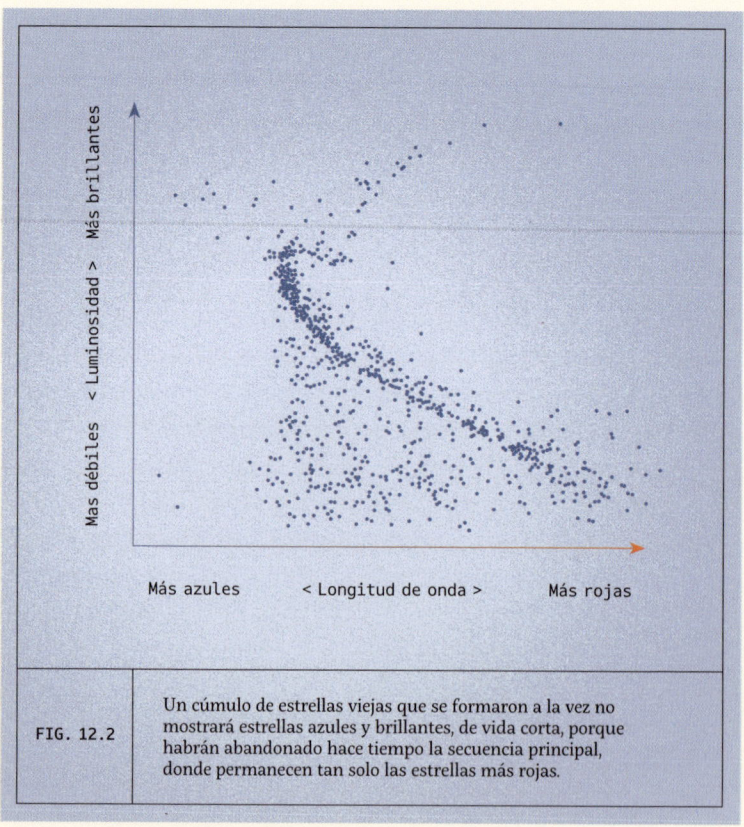

FIG. 12.2

Un cúmulo de estrellas viejas que se formaron a la vez no mostrará estrellas azules y brillantes, de vida corta, porque habrán abandonado hace tiempo la secuencia principal, donde permanecen tan solo las estrellas más rojas.

Podemos averiguar algunas cosas sobre las estrellas fijándonos tan solo en la posición que ocupan dentro del diagrama. Las enanas marrones son las más sencillas. Al ser frías y poco luminosas, es de esperar que se trate de objetos bastante reducidos. Por otro lado, para ser increíblemente calientes pero poco luminosas, las enanas blancas tienen que ser muy pequeñas.

Una estrella gigante roja es fría pero muy brillante, así que debe ser extremadamente grande para producir tanta luz. Como es fría, cada centímetro cuadrado de la superficie estelar no tiene mucho fulgor, pero el conjunto de toda la estrella logra un gran brillo porque tiene MUCHOS centímetros cuadrados.

Hay otro rasgo muy útil del diagrama HR que aparece al considerar una población de estrellas que se formaron todas al mismo tiempo, como un cúmulo estelar. Sabemos que las estrellas azules agotarán su combustible disponible mucho antes que sus compañeras más débiles y rojas, así que estas estrellas de gran masa también abandonarán la secuencia principal antes que las ligeras. Por tanto, podemos utilizar este diagrama para estimar la edad del cúmulo, buscando el punto superior donde termina la secuencia principal. Ese borde superior nos indicará, junto con las masas de las estrellas que haya en ese lugar, cuánto tiempo llevan existiendo todos los astros del grupo. Las estrellas más masivas ya han agotado el tiempo de permanencia en la secuencia principal, mientras que las estrellas menos masivas seguirán ahí durante miles de millones de años. Este lugar se denomina «punto de abandono» y, si se situara en la posición de una estrella de 1 masa solar en el diagrama, nos indicaría que el cúmulo tiene unos diez mil millones de años, es decir, la vida prevista de nuestro Sol (fig. 12.2).

como enana marrón

También podemos fijarnos en lo que ocurre cuando las estrellas no llegan a formarse del todo. Hablar de estrellas enanas marrones sería un error ya de entrada. No son estrellas verdaderas, ni se revelan marrones a simple vista. Nuestra definición de estrella verdadera se aplica al astro capaz de fusionar hidrógeno en su núcleo para producir helio, y las estrellas más ligeras que pueden hacerlo tienen alrededor de una doceava parte de la masa del Sol, u 80 veces la masa de Júpiter. En torno a las 13 masas de Júpiter empezamos a considerar los objetos como planetas muy masivos, por lo que este espacio entre las 13 y las 80 masas de Júpiter está lleno de cuerpos que no se comportan del todo ni como estrellas de pleno derecho ni como planetas masivos.

En primer lugar, brillan débilmente. Su interior está tan caliente que pueden fusionar algo, pero no hidrógeno normal. Lo que consiguen fusionar es una forma rara de hidrógeno, el deuterio. El átomo de hidrógeno normal consta de un protón y un electrón, pero el deuterio tiene un protón, un neutrón y un electrón. Esto permite que el interior de la enana marrón se salte los pasos primero y último de la ruta estándar de reacciones para la fusión del hidrógeno. La combustión del deuterio se limita a tomar un núcleo de deuterio y añadirle otro protón, con lo que se obtiene una forma menos común de helio, pero se libera energía en el proceso. La fusión del deuterio solo puede producirse si el objeto alcanza 13 masas de Júpiter o más, por lo que aquí estaría la frontera entre un planeta muy grande y una cuasiestrella muy pequeña.

Si pudiéramos medir con exactitud la masa de cada objeto que divisamos en el espacio exterior, podríamos diferenciar a la perfección los planetas de las enanas marrones. Por desgracia, estas mediciones suelen ser un poco inciertas. En el caso de algunos objetos, nuestra estimación de la masa es suficiente para afirmar que se encuentran en el rango de las enanas marrones, pero en otras ocasiones aplicar este criterio es cuestionable (fig. 13.1).

El segundo problema de basarnos en la fusión de deuterio para decidir que un astro es una enana marrón consiste en que, por lo general, estos objetos no contienen deuterio suficiente para sostener su fusión durante mucho tiempo: solo unas decenas de millones de años, en el mejor de los casos. Esta corta duración de la fusión del deuterio significa

Lluvia de hierro
y nieve de silicatos
2200 °C

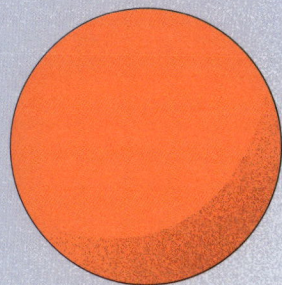

Cielos casi
despejados 675 °C

Nubes frías,
posiblemente
de agua, 30 °C

| FIG. 13.1 | Las enanas marrones apenas son capaces de generar calor por fusión, y no lo hacen por la vía estándar. Son objetos intermedios entre los planetas muy grandes y las estrellas muy pequeñas y, a nuestros ojos, tendrían un color púrpura rojizo. |

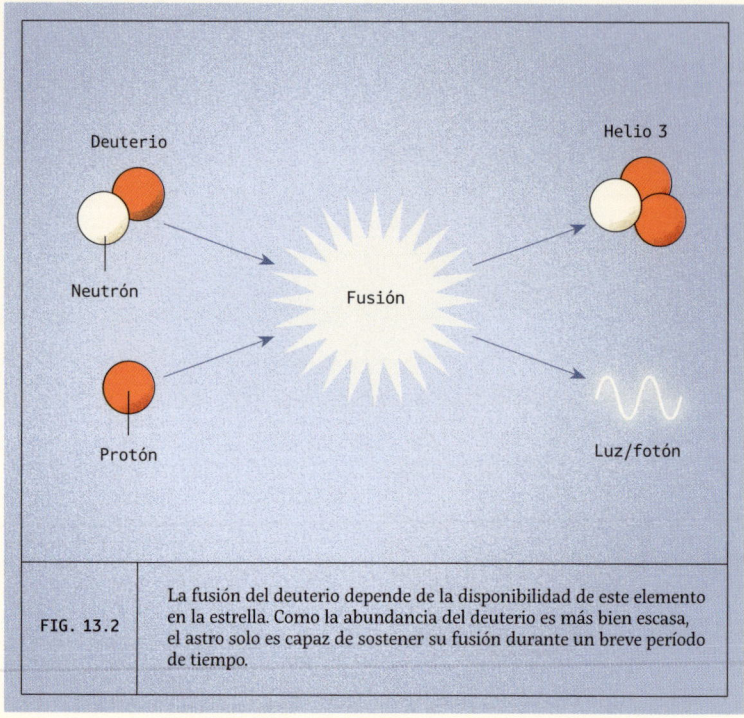

FIG. 13.2	La fusión del deuterio depende de la disponibilidad de este elemento en la estrella. Como la abundancia del deuterio es más bien escasa, el astro solo es capaz de sostener su fusión durante un breve período de tiempo.

que la mayoría de las enanas marrones que vemos ya se ha quedado sin combustible y pasará el resto de su existencia enfriándose despacio, irradiando su calor hacia el universo (fig. 13.2).

Si tomamos Júpiter como referencia, este planeta brilla muy débil en el infrarrojo, con una temperatura aproximada de -113 °C. Las enanas marrones suelen ser más calientes, y las de temperaturas más altas rondan los 982 °C. Las enanas marrones más frías conocidas hasta ahora rondan los 149 °C, una temperatura habitual para un horno de cocina.

Las enanas marrones se dividen en tres clases diferentes: L, T e Y, que van de la más caliente y masiva a la más ligera y fría. Sin embargo, todas las enanas marrones tienen tamaños similares al de Júpiter, aunque son mucho más densas que este planeta y, en parte, ese es el motivo por el que presentan estas temperaturas.

Por otro lado, las enanas marrones suelen tener patrones meteorológicos de lo más extraños. Hemos vislumbrado nubes en varias enanas marrones, a menudo muy parecidas a los patrones en bandas de Júpiter, pero hay otras observaciones que apuntan a formaciones nubosas irregulares.

Las nubes de una enana marrón, que suelen contener silicatos y hierro, descargan materiales más pesados y calientes que los que Júpiter puede albergar. La atmósfera profunda de una enana marrón puede estar tan caliente (alrededor de 1093 °C) que el hierro llega a evaporarse, pero, cuando el vapor de hierro alcanza las capas exteriores de la nube, se condensa de nuevo en forma líquida y vuelve a caer hacia el interior. Se trata de un ciclo de evaporación y condensación basado en el hierro y, aunque no se parezca en nada a las precipitaciones que suceden en la Tierra, nuestro tipo de lluvia es también el análogo más cercano que tenemos para este proceso, por lo que a menudo se denomina «lluvia de hierro». Parece que en otras enanas marrones cae nieve de arena si las temperaturas son las adecuadas. Entre 982 °C y 1649 °C se pueden formar nubes de silicatos; si hace más frío, los silicatos se condensan a partir de las nubes y se precipitan. Estas nubes arenosas se confirmaron con su primera detección directa en 2023, lo que hizo que estas atmósferas inhóspitas de las enanas marrones pasaran de ser una posibilidad a convertirse en una certeza.

No todas las enanas marrones tienen el mismo tipo de clima extremo; a medida que nos acercamos a temperaturas más frías, el ambiente pasa de ser arenoso a estar completamente libre de nubes. Con temperaturas aún más frías, las nubes pueden volver, pero ahora consistentes en nuevos materiales, entre ellos el hielo de agua.

Si un ser humano visitara una enana marrón, lo más probable es que viera las enanas marrones más cálidas de un color rojo intenso. A medida que visitara variantes cada vez más frías, el color pasaría de un granate oscuro al púrpura más tenue y apagado. Se trata de un rasgo del ojo humano, que a menudo percibe la luz roja más tenue y más oscura como púrpura, y no porque la enana marrón emita luz azul: dadas sus condiciones, dista mucho de poder hacerlo.

como gigante roja

Observar lo que ocurre cuando una estrella agota su combustible también nos revela algo sobre su funcionamiento interno. Todas las estrellas que completan su ciclo dentro de la secuencia principal evolucionan hasta convertirse en gigantes rojas. Dependiendo de su masa, esta fase de su existencia puede ser más o menos compleja, pero hay una etapa inicial que comparten todas las estrellas que abandonan la secuencia principal.

La formación de una gigante roja se inicia en el momento en que se rompe el delicado equilibrio entre la fusión, que genera presión hacia el exterior, y la gravedad, que empuja hacia el interior. En cuanto la fusión en el núcleo se queda sin el hidrógeno necesario, tras haber transformado todo el hidrógeno en helio, desciende la presión hacia fuera que ejercen las reacciones nucleares, lo que concede una ventaja temporal a la gravedad. Como la estrella no puede oponerse a la fuerza de la gravedad que tira de ella hacia dentro, las regiones más internas del astro se comprimen hasta alcanzar temperaturas y presiones aún más elevadas.

La región interior de la estrella se comprime tanto que las temperaturas elevadísimas que antes solo se daban en el núcleo ahora están en una envoltura que ahora rodea un montón de restos de helio de la última ronda de fusión. Puesto que esta capa alrededor del núcleo no ha participado en la fusión del hidrógeno en helio, esta región de la estrella sigue siendo rica en hidrógeno, y puede producirse la fusión. Esto se denomina, de forma poco ingeniosa, «fusión de hidrógeno en capa», y el proceso logra generar cierta resistencia contra la gravedad. De hecho, la resistencia que produce es considerable. La fusión del hidrógeno en capa libera más energía que el núcleo de la estrella cuando estaba en la secuencia principal.

Parte de esa energía extra procedente de la fusión de la cáscara de hidrógeno se la queda la propia estrella y la invierte en ganar la batalla contra la gravedad por el tamaño del astro. La estrella en su conjunto se expande (fig. 14.1).

Esta expansión del objeto lo desplaza hacia la derecha en el diagrama HR. El resto de la energía hace que la estrella se vuelva más brillante, por lo que también se desplaza en vertical tras la expansión inicial. Esta trayectoria curva en el diagrama HR se conoce como *rama de las gigantes rojas*.

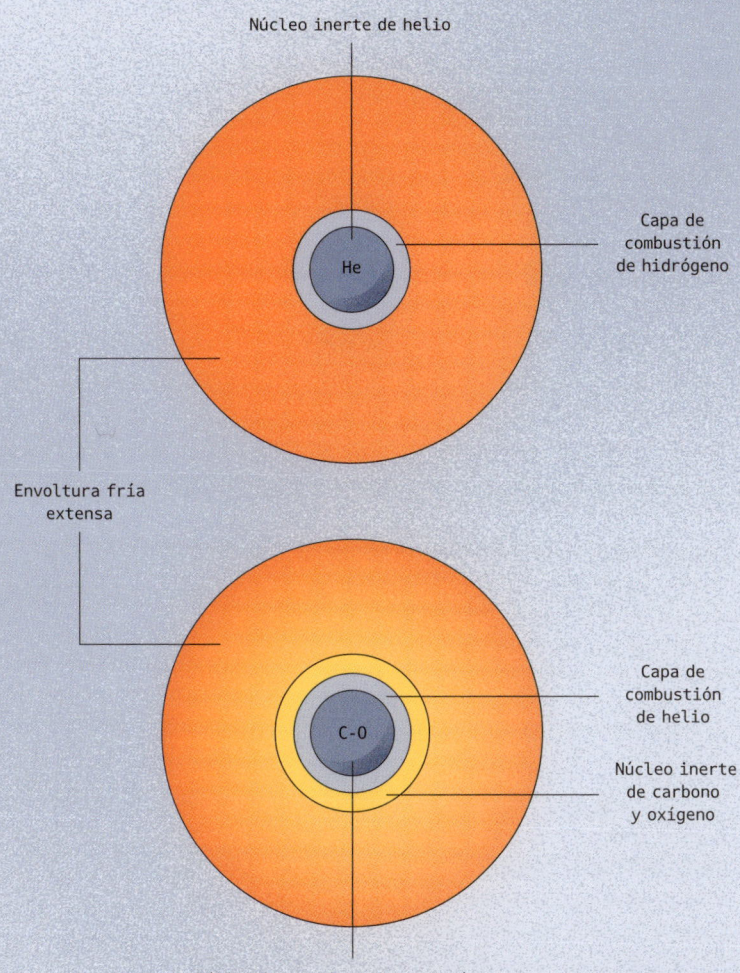

Núcleo inerte de helio

Capa de combustión de hidrógeno

He

Envoltura fría extensa

Capa de combustión de helio

C-O

Núcleo inerte de carbono y oxígeno

Núcleo inerte de carbono y oxígeno

FIG. 14.1	Las estrellas que fusionan hidrógeno en una capa que rodea un núcleo «muerto» lleno de helio se conocen como gigantes rojas, y son más brillantes y de un tamaño físico mayor, en comparación con su etapa en la secuencia principal (arriba). Una estrella en la rama asintótica de las gigantes tiene un núcleo repleto de carbono y oxígeno, una envoltura de fusión de helio y otra envoltura de fusión de hidrógeno, que desplaza la estrella a una región más brillante y roja del diagrama HR (abajo).

Con el tiempo, la gravedad sigue actuando sobre el núcleo interno, que entretanto ha dejado de comprimirse. Ya es tan denso que los electrones están muy apretados y su presión se opone a la gravedad que actúa sobre toda la estrella. Si no podemos aumentar la densidad, lo único que ocurre es que crece la presión, lo que incrementa rápidamente la temperatura. Cuando el núcleo alcanza los 100 millones de grados Celsius, de pronto todo el helio sobrante acumulado se puede empezar a utilizar para fusionarlo en carbono y oxígeno.

El proceso de fusión del helio en elementos más pesados requiere al menos tres núcleos libres de helio, lo que supone una reducción en comparación con los seis núcleos de hidrógeno necesarios para construir helio. La primera etapa consiste en fusionar dos núcleos de helio en un átomo de berilio. Luego se añade un núcleo de helio más y se obtiene una forma estable de carbono. Si a continuación se integra otro núcleo adicional de helio en ese carbono fresco, podemos crear oxígeno como bonificación. Puesto que participan tres núcleos críticos de helio (también conocidos como partículas alfa), este proceso se denomina triple alfa. (Nunca prometimos que los nombres serían ingeniosos).

La brusca activación del proceso triple alfa en el núcleo se conoce como *flash* del helio. El *flash* del helio produce tanta energía de golpe que es capaz de reducir la presión en el núcleo y activar la fusión estable de helio durante un breve período de tiempo. Esto no impide que se siga produciendo la fusión de hidrógeno en la capa que rodea el núcleo, por lo que ahora nuestra estrella tiene dos fuentes de presión debida a fusión que se oponen a la gravedad. Ahora se está produciendo MUCHA energía. La temperatura superficial de la estrella asciende, por lo que nos desplazamos hacia la izquierda en el diagrama HR, hacia una región conocida como la rama horizontal.

Si transcurre el tiempo suficiente, las existencias de helio del núcleo de la estrella se agotarán, y comenzará otra versión del proceso anterior. El núcleo de carbono y oxígeno comienza a comprimirse, y la región que lo rodea se vuelve tan caliente y densa que puede comenzar la fusión de helio en una capa alrededor del núcleo, mientras que la fusión de hidrógeno continúa migrando hacia el exterior convirtiendo a su paso cada vez más material del interior estelar en helio. Esto hace que la estrella vuelva a ascender en nuestro diagrama HR, hasta lo que se denomina *rama asintótica de las gigantes*.

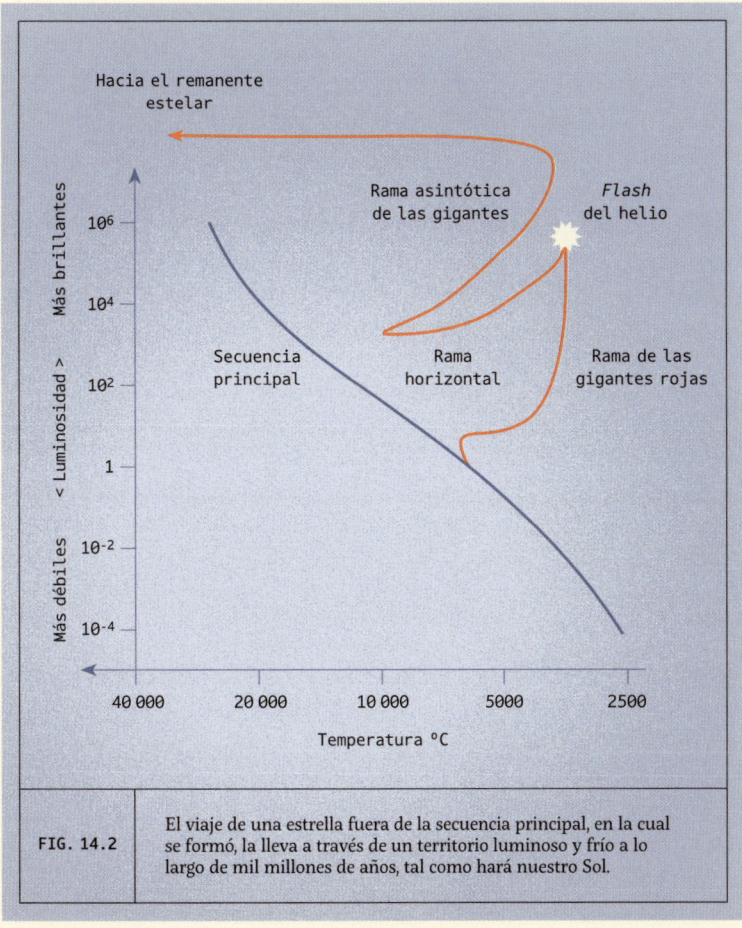

Hacia el remanente
estelar

Rama asintótica
de las gigantes

Flash
del helio

Secuencia
principal

Rama
horizontal

Rama de las
gigantes rojas

Más brillantes

10^6

10^4

10^2

< Luminosidad >

1

Más débiles

10^{-2}

10^{-4}

40 000   20 000   10 000   5000   2500

Temperatura °C

FIG. 14.2

El viaje de una estrella fuera de la secuencia principal, en la cual
se formó, la lleva a través de un territorio luminoso y frío a lo
largo de mil millones de años, tal como hará nuestro Sol.

La fusión del helio en capa no es especialmente estable, por lo que el interior
estelar experimenta episodios ligeros de calentamiento y enfriamiento.
Esto hace que la presión cambie de manera errática y, con cada subida, las
capas exteriores experimentan un «empujón» hacia fuera. Si la estrella es
lo bastante masiva, retendrá esas capas exteriores durante un tiempo, pero
una estrella ligera empezará a perder el control sobre las regiones externas
de su propia atmósfera (fig. 14.2).

como nebulosa planetaria

Hay una forma sorprendentemente bella de conocer una estrella a través de la gloria pasajera de las etapas finales de su existencia: la fase de nebulosa planetaria. Para las estrellas de poca masa (por debajo de unas 8 masas solares), el paso por la rama asintótica de las gigantes es breve (como mucho, un millón de años) y marca el fin de los procesos de fusión nuclear en el astro. En este punto, su interior alberga una capa de fusión del helio alrededor del antiguo núcleo de la estrella. El propio núcleo ha acumulado suficiente carbono y oxígeno como para que la fusión del helio ya se haya extinguido allí. Hay otra capa de material que fusiona hidrógeno en helio alrededor de ese núcleo. Esto significa que la estrella cuenta con dos fuentes de presión hacia el exterior. Sin embargo, la fusión del helio en capa es extremadamente sensible a la temperatura y, por tanto, a la presión, por lo que las sutiles alteraciones en el equilibrio de presión de la estrella pueden trastocar mucho el ritmo de fusión del helio.

Si el ritmo de fusión cambia, también lo hacen la presión y la temperatura generadas en el núcleo de la estrella, y son las capas exteriores las que lo percibirán con mayor intensidad. Los episodios de incremento de la tasa de fusión del helio en capa se denominan pulsos térmicos, y tienen como efecto la reiterada expulsión hacia el exterior de las capas superficiales del astro. A medida que esto sucede, esas capas externas se desligan gravitatoriamente de las regiones internas de la estrella, donde se está produciendo la fusión de hidrógeno y helio, y el objeto pierde masa. Cada vez que se produce un pulso térmico, las nuevas capas exteriores reciben otro empujón, y la estrella va perdiendo en el espacio interestelar más y más partes de su material.

Con el paso del tiempo, estos pulsos bruscos de energía debidos a la fusión del helio en el núcleo expulsan regiones tan grandes del astro que incluso la fuente de energía de fusión más interna, la capa de fusión del helio, se ve afectada en los estertores finales, y lo único que queda es el núcleo carente de helio expuesto a la negrura insondable del espacio interestelar (fig. 15.1).

Nebulosa Saturno

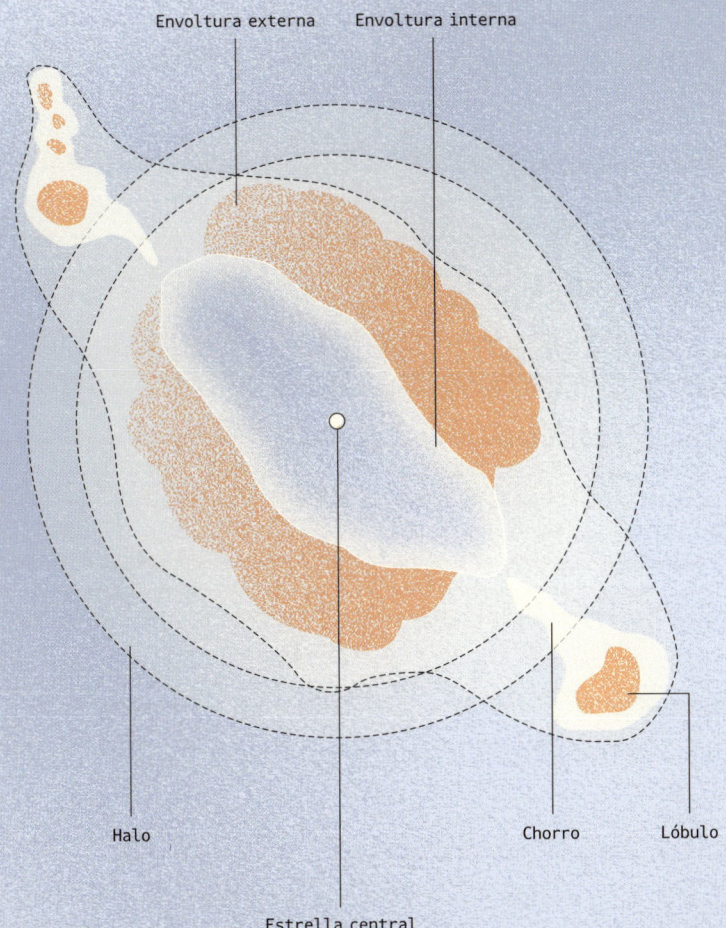

Envoltura externa   Envoltura interna

Halo

Chorro   Lóbulo

Estrella central

FIG. 15.1   Las estrellas producen nebulosas planetarias, hermosas y efímeras, en las etapas finales de sus procesos de fusión nuclear, cuando se desprenden de las capas externas y forman una nebulosa mucho mayor que el tamaño actual de nuestro Sistema Solar.

La antigua atmósfera estelar, en su nuevo viaje lejos de los restos de la estrella, brinda un espectáculo impresionante, aunque efímero. Calentada hasta temperaturas muy elevadas por lo que queda del interior de la estrella, la antigua atmósfera se extiende ahora, resplandeciente, a lo largo de varios años luz.

Todas las nebulosas planetarias son jóvenes, porque no suelen durar más de unas decenas de miles de años. Transcurrido ese tiempo, el gas que forma la nebulosa se torna demasiado tenue y oscuro para verlo, y sigue a la deriva por el espacio entre las estrellas.

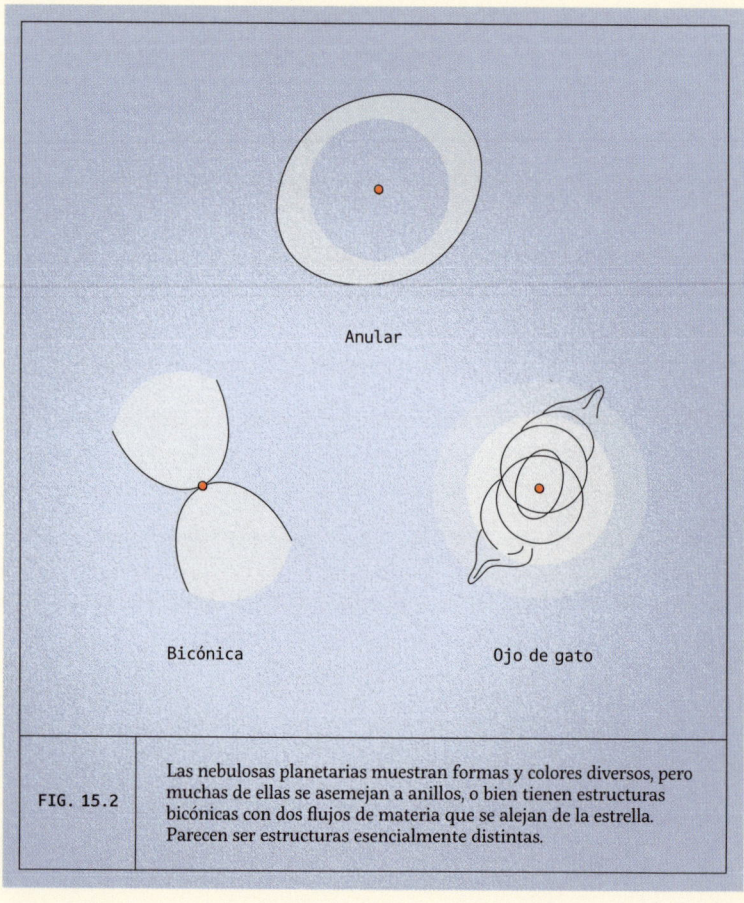

Anular

Bicónica

Ojo de gato

FIG. 15.2   Las nebulosas planetarias muestran formas y colores diversos, pero muchas de ellas se asemejan a anillos, o bien tienen estructuras bicónicas con dos flujos de materia que se alejan de la estrella. Parecen ser estructuras esencialmente distintas.

Las nebulosas planetarias son espectaculares, en parte por sus vivos colores y en parte porque no hay dos exactamente iguales. Sin embargo, la mayoría de ellas puede clasificarse en unas pocas categorías morfológicas: anulares, elípticas (como la nebulosa Ojo de gato) y bicónicas, aunque, por supuesto, siempre hay estructuras que no encajan en ninguna de las clases anteriores (fig. 15.2).

Uno de los muchos enigmas de las nebulosas planetarias es a qué se debe que un proceso como la pérdida de las capas externas de la estrella pueda dar lugar a nebulosas tan diversas visualmente. Es posible que estemos viendo una misma forma general de objeto desde ángulos muy diferentes. Un flujo bicónico puede parecer circular si se observa desde el eje, o elíptico si el ángulo está algo inclinado. Sin embargo, a medida que nuestra capacidad para observar estas nebulosas ha ido mejorando con el tiempo, hemos ido creando modelos tridimensionales de estas estructuras, y no todas esconden formas bicónicas.

La nebulosa Anular, una de las planetarias más fotogénicas debido a su cercanía, parece circular a primera vista, pero las observaciones actuales nos dicen que es una mezcla de estructuras no del todo redondas. Más bien parece ser una rosquilla de nitrógeno y oxígeno incandescentes a la que se añade un óvalo mayor de helio sobrecalentado que resulta que estamos viendo de frente. Estas estructuras combinadas, más la perspectiva desde la que las vemos, dan como resultado algo que parece razonablemente circular. Un ángulo de visión diferente podría habernos mostrado otro panorama, pero en ningún caso adoptaría el aspecto de los flujos bicónicos de otras nebulosas planetarias, como NGC 6302.

Se concluye que hay un proceso físico que realmente origina nebulosas planetarias con distintas formas, así que tiene que haber algo en la estrella o en el sistema estelar responsable de esta diversidad morfológica. Se ha planteado que la masa de la estrella puede ser crucial. Las estrellas más ligeras parecen producir las nebulosas más redondeadas, brillantes y simétricas, mientras que las más pesadas producen nebulosas más débiles y asimétricas. Los sistemas de gran masa también son más propensos a generar morfologías bicónicas. Dado que las estrellas binarias son más comunes cuando se trata de astros masivos, también es posible que la existencia de una segunda estrella induzca la aparición de formas más complejas y asimétricas.

LÁMINA 4

Anillos coloridos
de una antigua estrella

La nebulosa Anular es una nebulosa planetaria
muy conocida. En esta imagen ampliada se
aprecia la región exterior, débil, con una serie
de envolturas rojas que recuerdan vagamente
a una flor y que se corresponden con las
primeras capas que la estrella ha perdido.
El gas ionizado brilla con intensidad en el seno
del cuerpo principal de la nebulosa, de alrededor
de un año luz de diámetro.

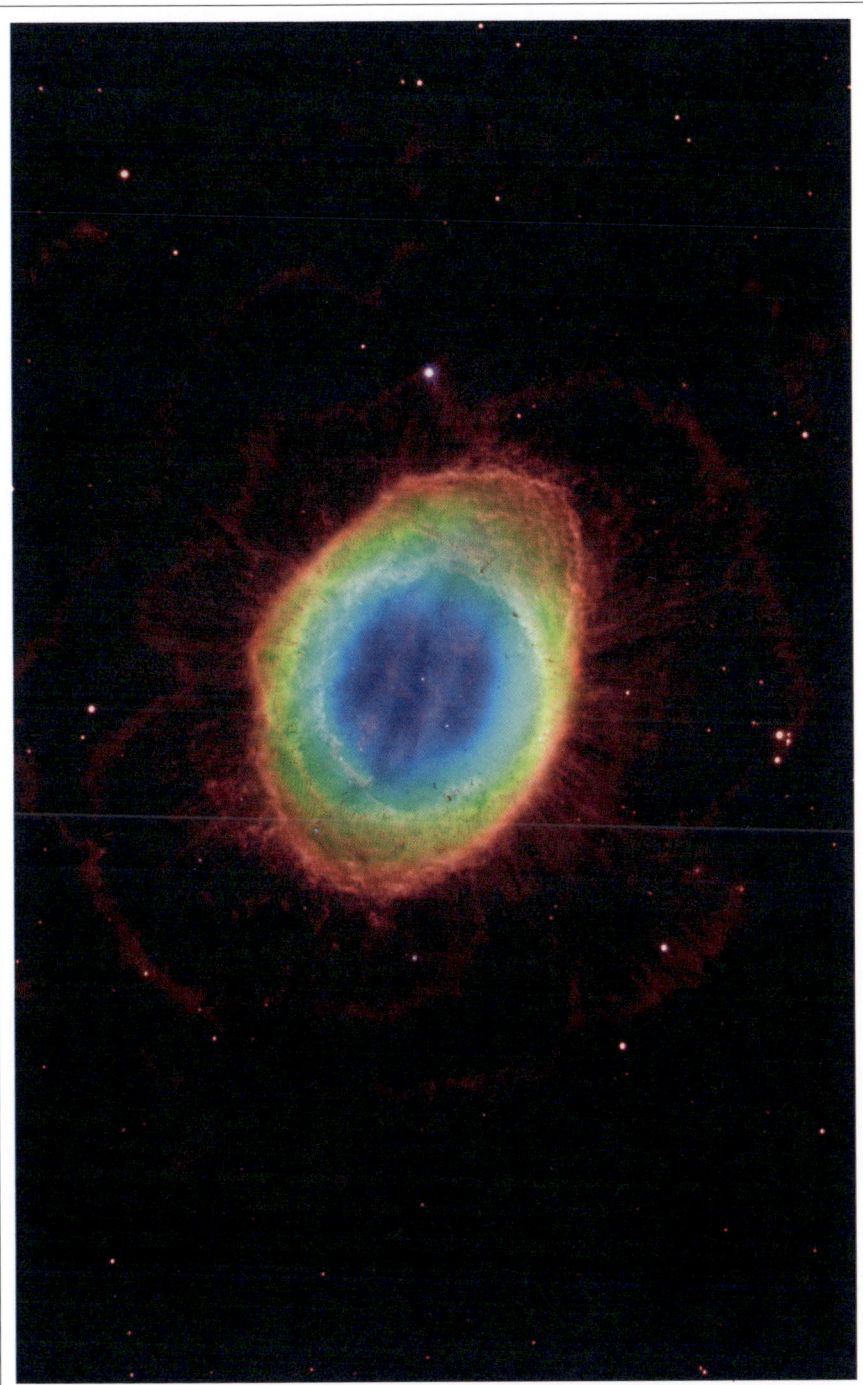

como enana blanca

Para profundizar aún más, podemos analizar lo que queda después de que se desvanezca el brillante resplandor de una nebulosa planetaria. Y lo que queda es el viejo núcleo estelar sobrecalentado, repleto de carbono y oxígeno, productos finales de la fusión del helio. Este núcleo está muy caliente, pero no lo suficiente como para formar nuevos elementos, y su masa no basta para comprimirlo a densidades mayores.

Una vez que el núcleo de la estrella queda al descubierto, pasa a denominarse *enana blanca*, y oficialmente pertenece a una clase de objetos conocidos como remanentes estelares. Se trata de los objetos residuales que quedan una vez que la estrella ha ejecutado todos los procesos de fusión de los que es capaz. Todas las estrellas con una masa inferior a ocho veces la del Sol acaban convertidas en enanas blancas. Estos objetos, densísimos, contienen a menudo el 60 por ciento de la masa del Sol empaquetado en un espacio del tamaño de la Tierra.

Sin ninguna otra fuente de fusión, la enana blanca ya no genera más calor. Lo único que puede hacer es irradiar poco a poco al cosmos el calor que tenga acumulado. En principio, las enanas blancas deberían enfriarse por completo y terminar tan frías como el espacio que las rodea. En la práctica, los modelos actuales sugieren que eso llevaría varios billones de años, es decir, mucho más tiempo del que lleva existiendo el universo (aproximadamente 13 800 millones de años). No esperamos que ninguna enana blanca haya dispuesto del tiempo necesario para enfriarse hasta convertirse en lo que se llamaría una enana negra (fig. 16.1).

Para una estrella como el Sol, los modelos predicen que en torno a la mitad de su masa se perdería en las fases de gigante roja y nebulosa planetaria, y que después de él quedará una enana blanca de unas 0.54 masas solares. Las estrellas más pesadas dan lugar a enanas blancas grandes, y lo hacen antes porque consumen su tiempo de permanencia en la secuencia principal mucho más rápido que las estrellas más ligeras y frías. Esta es la razón por la que una enana blanca media es un poco más masiva que el estado final previsto para el Sol, con un 60 por ciento de la masa actual del Sol. Las enanas blancas con más del 65 por ciento de la masa del Sol son poco comunes, y las que tienen la masa del Sol conforman el 1 por ciento más infrecuente de las enanas blancas.

Sirio B, con 1.96×10^{30} kg
y un radio de 5840 km

La Tierra, con 5.97×10^{24} kg
y un radio de 6378 km

FIG. 16.1	Las enanas blancas son restos estelares tan densos que, en algunos casos, la masa del Sol puede empaquetarse en un volumen menor que la Tierra, como ocurre con Sirio B.

Por un golpe de suerte puramente aleatorio, la enana blanca más cercana a la Tierra se encuentra en el escalafón de los remanentes estelares bastante masivos, con 0.98 veces la masa del Sol, y es fácil de ubicar en el cielo, ya que es la compañera de Sirio, aunque su observación directa no es fácil. Sirio A, como se denomina al astro más brillante del par, tiene a su alrededor a Sirio B, una enana blanca de 1 masa solar y algo más

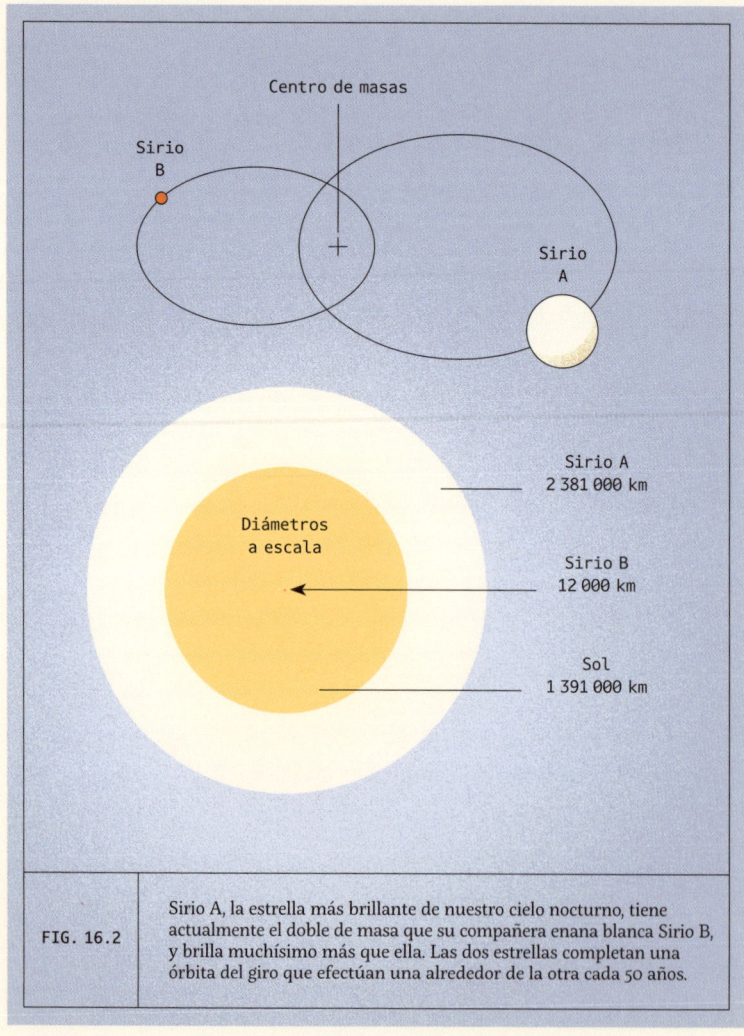

Centro de masas

Sirio B

Sirio A

Diámetros a escala

Sirio A
2 381 000 km

Sirio B
12 000 km

Sol
1 391 000 km

FIG. 16.2 — Sirio A, la estrella más brillante de nuestro cielo nocturno, tiene actualmente el doble de masa que su compañera enana blanca Sirio B, y brilla muchísimo más que ella. Las dos estrellas completan una órbita del giro que efectúan una alrededor de la otra cada 50 años.

pequeña que la Tierra. Estas dos estrellas completan una vuelta cada 50 años. Sirio A es en la actualidad la estrella más brillante de nuestro cielo nocturno, con 2.02 masas solares, pero es probable que la estrella que dio lugar a Sirio B fuera más brillante aún: las estimaciones la sitúan en torno a las 5 masas solares. Esto también nos dice que, aunque Sirio A acabará convertida en una enana blanca, dará lugar a un remanente menos pesado que Sirio B. Estamos observando estas dos estrellas en un momento especial de su evolución (fig. 16.2).

Puesto que no cuentan con una fuente de fusión en sus núcleos, las estrellas enanas blancas necesitan otro mecanismo para resistir el colapso debido a la constante presión interna de la gravedad, y lo encuentran en la presión de degeneración de los electrones. Esta surge cuando el material está tan sumamente comprimido que los electrones empiezan a apretarse entre sí. En una enana blanca, el material sigue estando ionizado en su totalidad, lo que significa que los electrones no están ligados a un núcleo atómico concreto. Sin embargo, hay el mismo número de electrones que de protones y, con la enana blanca comprimida en un espacio lo bastante pequeño, el volumen por el que se pueden mover es limitado. A medida que el volumen se estrecha, los electrones van necesitando compartir cada vez más y más espacio y, como todos tienen carga eléctrica negativa, se resisten a ello. Esta resistencia crece con la densidad del material, y llega un punto en el que la presión de degeneración de los electrones es tan alta que la gravedad ya no logra comprimirlos más. La enana blanca se sostiene contra la gravedad únicamente gracias a los electrones, que se oponen a compartir el espacio.

Se trata de una configuración estable. A menos que algo altere la masa de la enana blanca, la degeneración de los electrones no se agota nunca, y tampoco hay nada que modifique la presión hacia el interior de la gravedad, por lo que ambas fuerzas se equilibran. A la presión de degeneración de electrones solo le afecta la densidad del plasma, por lo que el enfriamiento gradual de la enana blanca no altera este equilibrio.

como una explosión recurrente

Al observar las estrellas comprobamos que algunas de ellas arrojan estallidos de luz repetitivos. Para recrear estos acontecimientos hay que partir de una enana blanca, el viejo núcleo agotado de una estrella de masa bastante reducida. Las enanas blancas son incapaces de hacer nada por sí solas, aparte de limitarse a irradiar su calor al espacio circundante mientras se enfrían poco a poco.

Sin embargo, si la enana blanca cuenta con una estrella compañera cercana de masa inferior (y, por tanto, con unas reacciones de fusión más duraderas), pueden ocurrir cosas interesantes. Necesitamos que la estrella compañera sea de menor masa porque nos gustaría que siguiera siendo una estrella, y no otra enana blanca. Y la razón por la que nos gustaría que siguiera siendo una estrella es que, para crear esta explosión repetitiva en nuestros cielos, la enana blanca necesita robar la atmósfera de su vecina y sustraerle el hidrógeno a través de la atracción gravitatoria.

Si la estrella compañera aún se encuentra en la secuencia principal, los dos objetos tienen que estar bastante cerca uno del otro en sus órbitas. Si la compañera binaria es una gigante roja, con una atmósfera enorme, entonces pueden permitirse estar más separadas. En cualquier caso, las capas exteriores de la estrella deben acercarse lo suficiente a la enana blanca para que la gravedad transfiera al objeto compacto el control de ese gas, que dejará de estar vinculado a la estrella normal.

Las enanas blancas no incorporan material nuevo a su superficie con especial facilidad, y lo que suele suceder es que se forma un disco arremolinado de materia a partir del cual va cayendo poco a poco gas que se va acumulando sobre la enana blanca. Este amontonamiento de materia en la superficie de una enana blanca va bien si ocurre durante un tiempo reducido, pero, si se acumula demasiada, las consecuencias pueden ser explosivas (fig. 17.1).

Debido a la densidad de nuestra enana blanca, la gravedad en su superficie es prodigiosa, por lo que el material robado se comprime sobre ella. Dado que la enana blanca se está alimentando a placer con el plasma de las capas exteriores de su estrella compañera, este plasma es casi hidrógeno en su totalidad. Y, como hemos aprendido de los núcleos de las estrellas, si el hidrógeno se comprime lo suficiente, es posible calentarlo a la vez que se torna más denso. Estos son los requisitos para iniciar la fusión.

FIG. 17.1   Cuando una enana blanca tiene una compañera estelar cercana, esta última puede verse despojada de algunas de sus capas externas, que se acumulan en la superficie de la enana blanca.

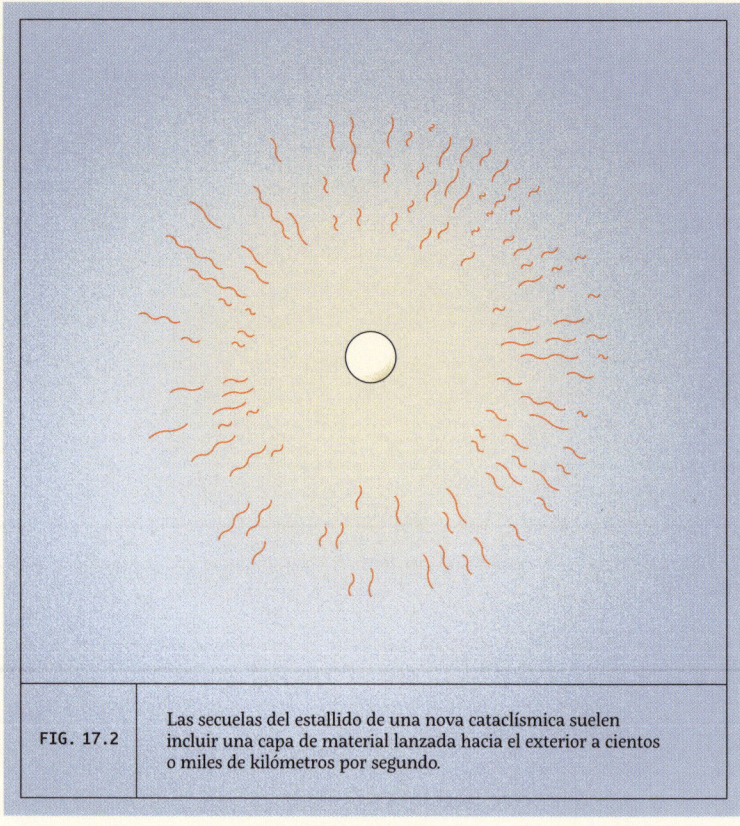

FIG. 17.2 | Las secuelas del estallido de una nova cataclísmica suelen incluir una capa de material lanzada hacia el exterior a cientos o miles de kilómetros por segundo.

La acumulación en la enana blanca de gas procedente de su vecina puede desencadenar un breve e intenso estallido de fusión de hidrógeno en su superficie. Este estallido de fusión tiene dos efectos. En primer lugar, produce mucha luz, lo que significa que estos fenómenos son fáciles de observar. Las hemos bautizado como «novas», del latín «nueva». A menudo, las enanas blancas que sufren este tipo de explosiones son intrínsecamente débiles, pero la nova incrementa su brillo hasta en diecinueve magnitudes, lo que las hace casi 40 000 000 de veces más brillante y en ocasiones forma una «estrella nueva» en el cielo que se desvanece cuando termina el episodio de fusión y la enana blanca recupera el brillo tenue de su estado inicial.

La gravedad comprime y calienta con mayor intensidad el material más profundo, el más cercano a la superficie preexistente de la enana blanca. Esto, a su vez, significa que es la capa más interna de hidrógeno acumulado la que alcanzará antes las condiciones necesarias para que se dispare la fusión nuclear, mientras que las capas externas, a pesar de estar también muy comprimidas, no habrán llegado a ese punto. Esta estratificación de la densidad conduce al segundo rasgo fundamental de las novas (fig. 17.2).

No todo el hidrógeno acumulado experimenta fusión nuclear. De hecho, tan solo una pequeña fracción lo hace. Pero la brusca ignición nuclear de las capas de hidrógeno más profundas genera una gran presión hacia el exterior. Así, el empujón de presión ejercido por las capas internas expulsa las externas lejos de la enana blanca, y forma una envoltura de materia. Esta envoltura puede observarse con telescopios modernos y se ve que se aleja de la enana blanca con velocidades de más de mil kilómetros por segundo.

Sorprende que todo este proceso no cause daño alguno a la enana blanca. Por lo que a ella respecta, bien podría tratarse de un estornudo. Nada ha cambiado en las circunstancias de la estrella binaria, su órbita o la masa de la propia enana blanca. Funcionalmente, lo único que se ha conseguido con esta explosión es que el sistema de dos estrellas regrese a la configuración en la que estaba antes de que comenzara a acumularse hidrógeno. Esto significa, a su vez, que no hay absolutamente nada que impida que el proceso se repita. La mayoría de las novas forma parte de sistemas recurrentes, aunque el intervalo entre explosiones depende de la proximidad entre las dos estrellas y de la rapidez con la que se transfiere el material de una a otra.

como supergigante roja

En el extremo opuesto, podemos aprender sobre cómo terminan su existencia las estrellas masivas al adoptar una estructura de cebolla. Las estrellas pesadas, es decir, las que alcanzan o superan las 8 masas solares, permanecen poco tiempo en la secuencia principal y comienzan a extinguirse al cabo de unos 50 millones de años. Cuanto más masivas sean, más breve será su existencia «normal» fusionando hidrógeno, que llega a ser de tan solo 1 millón de años para una estrella con 40 veces la masa del Sol.

Las primeras etapas de la transformación en gigante roja de una estrella masiva son las mismas que experimentan sus equivalentes más ligeras. Primero se agota la reserva de hidrógeno del núcleo; entonces comienza la fusión de este elemento para producir helio en una capa alrededor de él hasta que las temperaturas en el centro alcanzan el nivel necesario para que empiece a fusionarse el propio helio. A diferencia de lo que ocurre en una estrella de poca masa, la fusión del helio altera menos el equilibrio entre gravedad y presión, por lo que en una estrella masiva no se produce un *flash* del helio, y esta nueva etapa comienza sin sobresaltos. Con el tiempo, la fusión del helio se agotará en el núcleo y una capa de fusión del helio se sumará a la capa de fusión del hidrógeno, de tal forma que en el centro quedará un núcleo rico en carbono y oxígeno. La historia acaba aquí para una estrella ligera.

Pero en una estrella masiva hay tanto material que la gravedad es capaz de comprimir aún más este núcleo de carbono y oxígeno hasta iniciar la fusión de elementos más pesados. La primera fase es la fusión del carbono. En este proceso, dos átomos de carbono chocan entre sí con la fuerza suficiente para fusionarse, lo que suele dar lugar a núcleos de neón y helio o a un núcleo de sodio y otro de hidrógeno. El sodio puede absorber el protón creado durante su formación, lo que da lugar a un átomo de neón más un núcleo de helio (fig. 18.1).

El resultado final de este proceso alimentado por carbono es un caldo plasmático de neón, sodio y el oxígeno sobrante de la fusión del helio, pero sobre todo habrá neón y oxígeno. La siguiente etapa es la de fusión del neón. El neón puede absorber un fotón de alta energía y dividirse en oxígeno y helio o puede impactar contra un núcleo de helio y convertirse en magnesio. Sin embargo, cuando comienza la verdadera fusión del neón, la unión de dos núcleos de este elemento forma un átomo de oxígeno y otro de magnesio. Esto, a su vez, conforma una nueva capa de nuestra cebolla de plasma, consistente en magnesio y oxígeno.

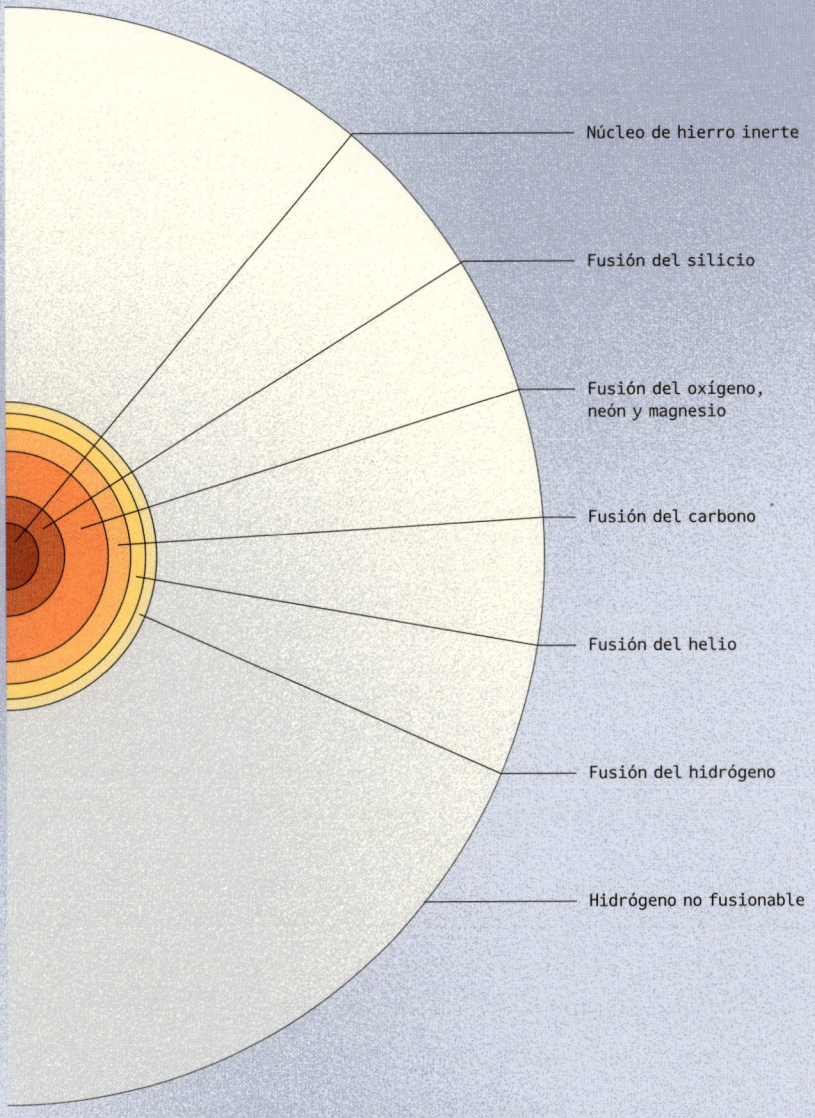

Núcleo de hierro inerte

Fusión del silicio

Fusión del oxígeno, neón y magnesio

Fusión del carbono

Fusión del helio

Fusión del hidrógeno

Hidrógeno no fusionable

| FIG. 18.1 | Una estrella muy masiva puede seguir fusionando elementos más allá del helio, por lo que acaba acumulando una gran colección de capas de fusión. |

El siguiente en fusionarse es el oxígeno. Dos átomos de oxígeno colisionan para crear silicio y helio o azufre y un neutrón, lo que nos deja con un núcleo lleno de silicio y azufre, una capa de oxígeno en fusión, una capa de neón en fusión, una capa de carbono en fusión, una capa de helio en fusión y una capa de hidrógeno en fusión. Solo queda una capa más por construir, y es de corta duración.

Mientras todo esto ocurría, la estrella ha ido perdiendo las capas externas y expandiéndose hasta alcanzar un tamaño enorme. Las estrellas en estas condiciones suelen ser cientos de veces más grandes que el Sol y decenas de miles de veces más brillantes. En nuestro diagrama HR, ocupan un espacio parecido al de la estrella gigante roja estándar, pero con mayor luminosidad, lo que refleja su mayor tamaño.

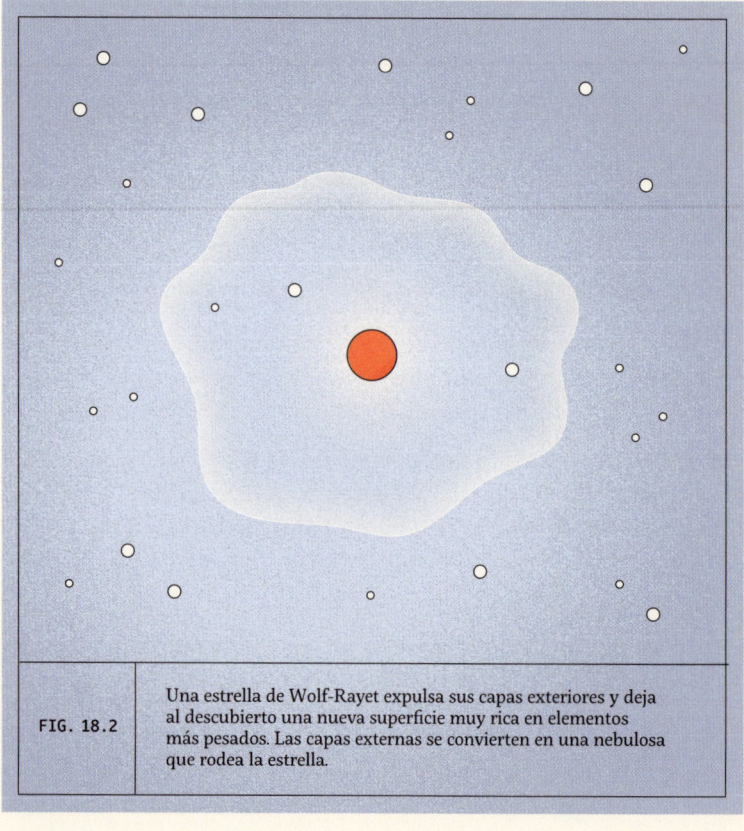

| FIG. 18.2 | Una estrella de Wolf-Rayet expulsa sus capas exteriores y deja al descubierto una nueva superficie muy rica en elementos más pesados. Las capas externas se convierten en una nebulosa que rodea la estrella. |

La etapa final de reacciones nucleares es una cascada de formación
de elementos que comienza con la fusión del silicio. Las temperaturas
y las presiones son tan elevadas que los elementos presentes pueden, como
ocurrió antes con el neón, reventar por las costuras simplemente por la
absorción de un haz de luz de alta energía, lo que produce núcleos de helio.
Esto es conveniente, ya que necesitamos ese núcleo de helio para golpear
nuestro núcleo de silicio. Silicio más helio da un núcleo de azufre. Si
añadimos otro núcleo de helio al azufre, obtenemos argón. Si añadimos
otro, obtenemos calcio. Uno más forma titanio. Otro da cromo; otro más,
una forma inestable de hierro, luego una forma inestable de níquel
y después hierro estable.

Y entonces, todo se detiene.

El hierro es el último elemento que puede fusionarse en el núcleo
de una estrella, y, durante un breve y brillante instante, el astro es una
elaborada cebolla de plasma con una luminosidad prodigiosa que forma
muchos elementos nuevos a la vez. Esta es la penúltima fase de la existencia
de una estrella masiva.

Se cree que existe otra vía posible para llegar al final de una
estrella pesada: una estrella de Wolf-Rayet. Parece ser que este mecanismo
solo da comienzo si la estrella se formó con más de 40 veces la masa del Sol.
Estas estrellas son raras y permanecen en la secuencia principal tan solo
medio millón de años, pero se distinguen porque pierden por completo
las capas exteriores de hidrógeno a medida que avanzan en la fusión de
elementos más pesados. La superficie expuesta de la estrella es, por tanto,
rica en helio y otros elementos pesados, y el hidrógeno se pierde en el
espacio circundante. A menudo se observan con nebulosas espectaculares
a su alrededor, y se cree que esta es una fase efímera de una existencia
estelar muy breve (fig. 18.2).

LÁMINA 5

Una estrella masiva muda la piel

Una estrella de Wolf-Rayet (WR 124) en plena eclosión. Se trata de una estrella masiva al final de su existencia. La nube brillante que rodea la estrella central son los restos de lo que una vez fueron las capas externas de la atmósfera estelar.

como Betelgeuse

Betelgeuse, la brillante estrella roja de la constelación de Orión, es uno de los mejores ejemplos de supergigante roja que tenemos en nuestros cielos nocturnos. Su tonalidad rojiza, que llama la atención incluso del ojo inexperto, muestra un gran brillo aparente, lo que resulta aún más impresionante si se tiene en cuenta que las estimaciones actuales la sitúan a unos 550 años luz de la Tierra. Betelgeuse es una de las pocas estrellas que pueden verse como algo más que un simple punto infinitamente diminuto. Los telescopios terrestres han podido observar manchas calientes en su superficie, con unos 200 °C por encima de la temperatura de la atmósfera circundante.

A pesar de estos aspectos únicos, Betelgeuse plantea sus propios desafíos. Que podamos ver con tanto detalle una estrella supergigante tiene el efecto secundario de complicar mucho más la tarea de explicarla. Incluso la estimación de su distancia es incierta. A pesar de ser tan brillante, todavía hay una incertidumbre del 15 por ciento, lo que dificulta emitir afirmaciones concretas sobre su brillo, tamaño y otras propiedades.

Pese a las dificultades, los modelos proporcionan estimaciones de lo que ocurre ahora en Betelgeuse. Al parecer, se formó con entre 18 y 21 masas solares, lo que indicaría que pasó unos 6 millones de años en la secuencia principal antes de transformarse en gigante roja. En este estado, parece haber perdido ya una buena cantidad de masa: su masa actual se estima entre 16.5 y 19 masas solares, por lo que es muy probable que haya perdido tanta masa como la que hoy contiene todo nuestro Sol. Las estimaciones más antiguas del radio de Betelgeuse le atribuían entre 500 y 1100 veces el radio solar. Un modelo más reciente arroja un resultado justo en medio de este intervalo, alrededor de 764 veces el radio actual del Sol. Esto se traduce en unas 3.5 unidades astronómicas de radio, lo que en el Sistema Solar abarcaría y engulliría todos los planetas rocosos y la gran mayoría del cinturón de asteroides (fig. 19.1).

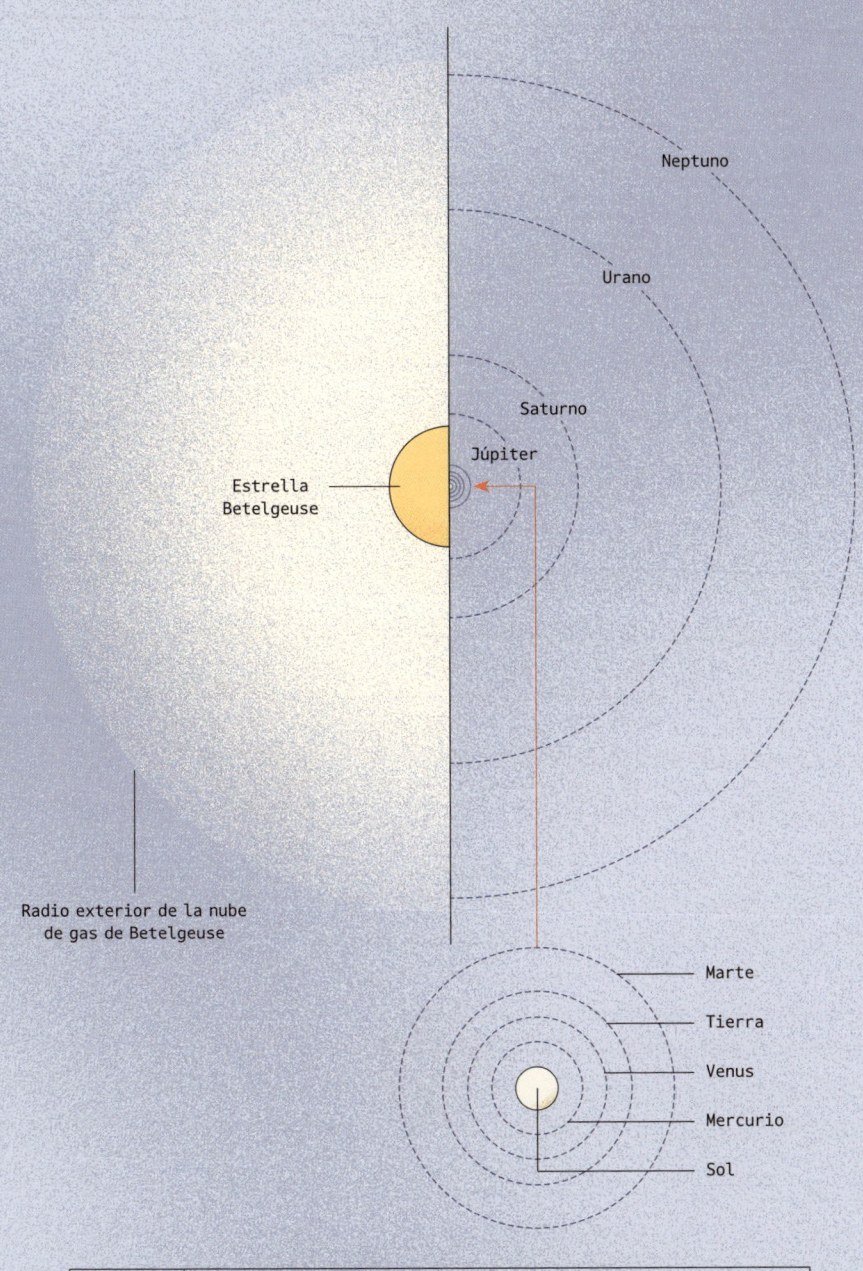

Estrella Betelgeuse

Neptuno

Urano

Saturno

Júpiter

Radio exterior de la nube
de gas de Betelgeuse

Marte

Tierra

Venus

Mercurio

Sol

| FIG. 19.1 | Betelgeuse, una de las estrellas supergigantes rojas más cercanas a nosotros, es tan grande que engulliría todos los planetas rocosos del Sistema Solar, y su agitada superficie abarcaría hasta el borde exterior del cinturón de asteroides. |

El hecho de que se trate de una estrella variable no facilita nuestros intentos de modelizar Betelgeuse. Su brillo cambia de más brillante a más tenue cada 185 días aproximadamente, con una segunda cadencia de 415 días, y una tercera cadencia de 2160 días (algo menos de seis años), observadas durante décadas. Esto da lugar a una estrella que casi siempre se encuentra entre las diez más brillantes del cielo nocturno, pero, si se mira con atención, su brillo sigue un patrón complicado. Sin embargo, esta variabilidad es una de las pruebas que nos indican que la estrella se encuentra definitivamente en alguna de las fases características de las supergigantes, y que no se trata de un sistema de algún otro tipo más extraño. Los modelos también sugieren que Betelgeuse se encuentra en las primeras fases de la fusión del helio en el núcleo: aún no ha acumulado suficiente carbono y oxígeno en el centro como para que haya comenzado la fusión del helio en capa.

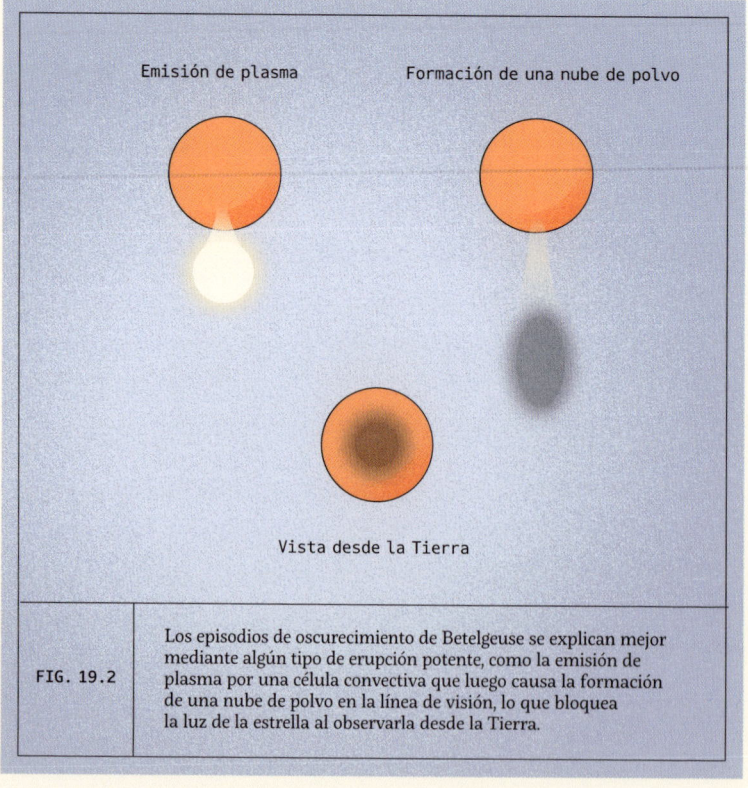

Emisión de plasma

Formación de una nube de polvo

Vista desde la Tierra

FIG. 19.2 · Los episodios de oscurecimiento de Betelgeuse se explican mejor mediante algún tipo de erupción potente, como la emisión de plasma por una célula convectiva que luego causa la formación de una nube de polvo en la línea de visión, lo que bloquea la luz de la estrella al observarla desde la Tierra.

Incluso con todos estos enigmas, Betelgeuse sorprendió a todo el mundo
a finales de 2019 cuando su brillo perdió más de una magnitud, un descenso
de luminosidad de un factor superior a 2.5. Esta caída era evidente a simple
vista, y, debido a que Betelgeuse suele ser una estrella tan reconocible,
recibió una cantidad considerable de atención. No en vano los científicos
trataban de averiguar qué ocurría en la superficie de esta estrella.

Lo primero que se determinó fue que Betelgeuse no estaba
a punto de sufrir ningún tipo de evento catastrófico final. Sin embargo,
se veía más débil de lo esperado, incluso teniendo en cuenta cualquiera
de las variaciones de brillo conocidas. Este oscurecimiento coincidió
con el descenso esperado de acuerdo con el período de 415 días, pero esa
oscilación suele disminuir el brillo entre 0.3 y 0.5 magnitudes, lo que tan
solo explica la mitad de la caída. El llamado «gran oscurecimiento» se
prolongó durante varios meses con un descenso gradual de brillo antes de
que Betelgeuse volviera a los niveles normales en los que se ha mantenido
desde entonces (fig. 19.2).

Muchos telescopios apuntaron a Betelgeuse durante los pocos
meses que duró el oscurecimiento, y las observaciones realizadas con
el Very Large Telescope de Chile revelaron que la mitad sur de la estrella
se había desvanecido comparada con la mitad norte, y se veía unas diez
veces más débil de lo habitual. Esto descartó de golpe cualquier explicación
del oscurecimiento que implicara un comportamiento global simétrico.

Otros telescopios afianzaron la idea de que una nube de polvo
había bloqueado la luz de la estrella. Lo más probable es que no se tratara
de una nube preexistente interpuesta entre nosotros y Betelgeuse, sino de
una brillante emisión de plasma expulsado por la estrella (lo que coincide
con las observaciones del telescopio Hubble). El gas se habría enfriado al
alejarse de la superficie y habría formado una gran nube de polvo que, a
su vez, bloqueó la luz de la estrella. Desde nuestra perspectiva, la estrella
se iluminó y luego se desvaneció, en correspondencia con la formación de
la nube y el bloqueo de la luz al condensarse en polvo. Betelgeuse recuperó
el brillo anterior cuando se dispersó la nube.

por su final explosivo

Una forma especialmente impresionante de conocer una estrella consiste en presenciar uno de los acontecimientos más luminosos del cosmos, la etapa final de la existencia de una estrella de gran masa: una supernova gravitatoria o supernova de colapso del núcleo. Para construir nuestra supernova gravitatoria hay que partir del punto en que dejamos la evolución de las estrellas de gran masa.

Con masas estelares superiores a ocho veces la del Sol, las estrellas terminan acumulando capas de fusión en su interior. Una vez iniciado el proceso de combustión del silicio, comienza la acumulación de hierro en el núcleo a medida que las versiones inestables del níquel decaen en hierro. La combustión del silicio es un proceso tan rápido que se completa en unas 24 horas con una estrella de 25 masas solares. A diferencia del núcleo de carbono de una estrella ligera, que permanece relativamente inalterado en una estrella de baja masa, el núcleo de hierro no permanecerá como un objeto estable.

Ahora no hay nada que resista la presión gravitatoria, que comprime el núcleo de hierro y lo calienta hasta temperaturas prodigiosas. Tales temperaturas implican que haya rebotando fotones de altísima energía. En cuanto un átomo de hierro se encuentra con uno de estos fotones, se desintegra hasta dar lugar a núcleos de helio. Este proceso se conoce con el nombre de fotodesintegración y es lo más parecido que hay en el cosmos a un rayo desintegrador. La presión es tan alta que vence la degeneración electrónica que sostenía la estructura del resto estelar, la enana blanca, y los electrones se ven forzados a introducirse en el seno de los protones para ganar espacio. Esto crea una cantidad enorme de neutrones y una cantidad igualmente grande de neutrinos. Los neutrinos son pequeñas partículas fundamentales que, en circunstancias normales, apenas interactúan con la materia. Pero nuestra supernova no está ni se acerca a unas circunstancias normales, y estos neutrinos serán importantes.

La destrucción de los núcleos de hierro y la desintegración en un montón de neutrones es extremadamente rápida. Este es el colapso del núcleo, y dura alrededor de un cuarto de segundo (fig. 20.1).

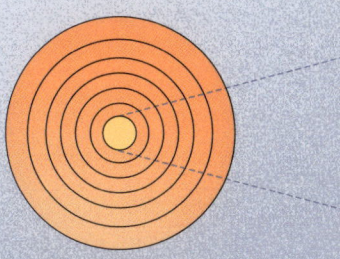 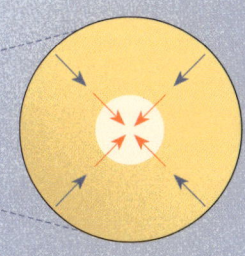

Justo antes de la supernova,
la estrella consta de muchas
capas de elementos

El núcleo se colapsa bajo su
propio peso al desintegrarse
el hierro

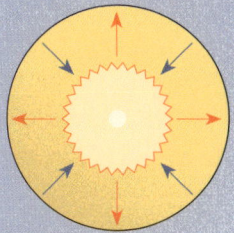 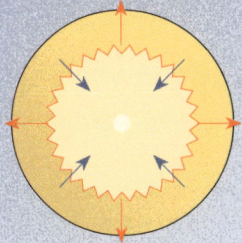

Los neutrones se oponen, de golpe,
a seguir colapsándose, lo que
desencadena una onda de choque

Los neutrinos, creados junto
con los neutrones, empujan el
frente de choque hacia el exterior

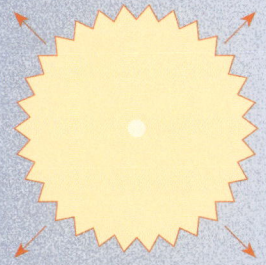

La explosión se sucede hacia el
exterior en forma de supernova

FIG. 20.1	El colapso del núcleo es un indicador brusco e irreversible del final de la existencia de una estrella masiva. El núcleo se contrae 250 veces en menos de un segundo y desencadena una gran onda de choque que acaba por destruir la estrella.

En este punto ocurren un par de cosas en muy poco tiempo. El núcleo de la estrella, que se ha colapsado en neutrones, deja de colapsarse de golpe cuando la densidad del núcleo se vuelve tan alta que surge una nueva fuerza capaz de oponerse a la gravedad: la fuerza nuclear fuerte. Esta fuerza aparece porque los neutrones están ahora apretados en una masa que se asemeja a un enorme núcleo atómico. La fuerza nuclear fuerte se opone al empuje gravitatorio hacia dentro, como si fuera un muelle extremadamente rígido, de modo que, aunque los neutrones pueden comprimirse un poco más allá de donde les gustaría estar, se produce un rebote hacia el exterior, ya que la fuerza nuclear fuerte vence a la gravedad.

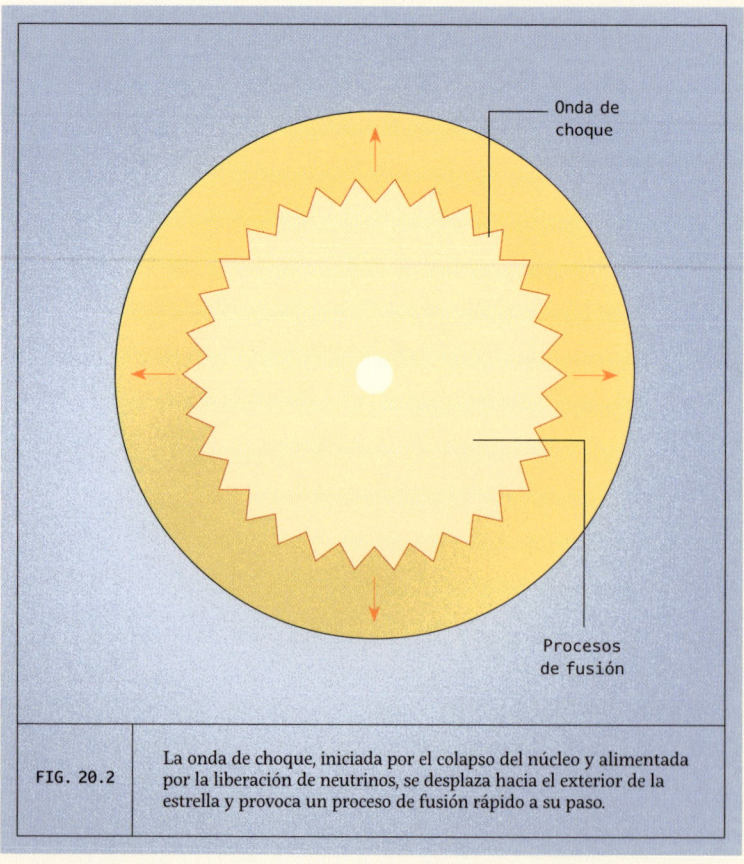

Onda de choque

Procesos de fusión

FIG. 20.2 — La onda de choque, iniciada por el colapso del núcleo y alimentada por la liberación de neutrinos, se desplaza hacia el exterior de la estrella y provoca un proceso de fusión rápido a su paso.

Al mismo tiempo, las capas externas de la estrella, que antes estaban sostenidas por el interior estelar, pierden ese apoyo. El colapso del núcleo significa que su radio se ha reducido desde unos 10 000 kilómetros a tan solo 40, y esto ha sucedido tan rápido que las capas externas de la estrella no han tenido tiempo de desplazarse a la vez. Desprovista de todo sostén, la estrella empieza a desplomarse.

El rebote de los neutrones en el núcleo crea una onda de choque que avanza hacia el exterior e impacta contra el resto de la estrella que cae hacia el interior, lo que comprime y agita aún más el gas (fig. 20.2).

El rebote por sí solo no basta para detonar la estrella, pero aún no nos hemos ocupado de los neutrinos que se produjeron durante el colapso del núcleo. La estrella ha logrado crear una onda de choque de temperatura y presión elevadas, y, aunque los neutrinos no suelen interactuar mucho con la materia, sí lo hacen con esta onda de choque. Los neutrinos transportan tanta energía que, si depositan una pequeña fracción de la misma en la onda de choque estelar, bastará para garantizar no solo que la onda de choque alcance la superficie, sino que lo haga con una velocidad superior a 10 000 kilómetros por segundo. Esta velocidad es suficiente para que la onda de choque venza la fuerza de la gravedad por completo y la estrella queda condenada a destruirse en un estallido de fulgor.

Mientras la supernova sigue su curso, con la onda de choque irradiando hacia el exterior a través de lo que eran capas de fusión, las temperaturas y presiones se vuelven por un momento tan elevadas que la fusión llega a producirse a un ritmo muy superior al que era posible hasta ahora. En estos frentes de choque se forman, por ejemplo, grandes volúmenes de oxígeno: para una estrella de 25 masas solares se producirán unas 3 masas solares de oxígeno, junto con 0.6 masas solares de neón y 0.05 masas solares de hierro. Los elementos más pesados que el hierro también pueden aparecer en cantidades relativamente pequeñas. Estos elementos no suelen producirse en una estrella, ya que su creación consume más energía de la que libera (lo cual es terrible para mantener la estrella estable) y porque para crear elementos estables hay que tener una gran cantidad de neutrones disponibles. El tremendo calor y la gran densidad del frente de choque proporcionan ambas cosas.

como estrella de neutrones

Para comprender mejor una supernova, podemos buscar los restos de la explosión. La totalidad de las capas externas de una estrella masiva se pierde en la explosión de la supernova, pero en muchos casos queda un remanente estelar: los restos del propio núcleo colapsado.

En las estrellas de más de 8 masas solares y menos de unas 25 masas solares, lo que queda es el montón de neutrones que alguna vez fueron níquel y hierro radiactivos. A esto lo llamamos estrella de neutrones, aunque «estrella» es una denominación errónea en este caso. No hay procesos de fusión y la estrella de neutrones ni siquiera está formada por el plasma habitual, sino que consta casi solo de neutrones.

Las estrellas de neutrones son increíblemente densas. Aunque muchas de ellas tienen algo más de 1 masa solar, cuentan con tan solo unos 20 kilómetros de radio. También son muy redondas, perfectamente esféricas con defectos del orden de milímetros a centímetros. Asimismo, hay indicios de que albergan campos magnéticos de una intensidad excepcional, mucho mayores que los que conocemos en la Tierra. Un escáner de resonancia magnética típico tiene potencias de 0.5 a 1.5 teslas, y esos niveles exigen extremar la precaución para no tener cualquier tipo de material magnético en la misma estancia. En el caso de una estrella de neutrones, la intensidad del campo magnético llega a superar con creces los 100 millones de teslas (fig. 21.1).

La observación directa de estos objetos es difícil debido a su pequeño tamaño. Incluso en el caso de supernovas cercanas, a menudo se tarda mucho tiempo en identificar la estrella de neutrones que queda inmersa en los restos de la supernova. En el caso de una que explotó en 1997 en la Nube Mayor de Magallanes, una compañera diminuta de nuestra Galaxia, no se obtuvo una imagen directa de la estrella de neutrones hasta 2024.

La mejor forma de detectar una estrella de neutrones, si no está muy cerca, es aprovechar el intenso campo magnético y el hecho de que las estrellas de neutrones giran, a menudo con una rapidez extrema. Una estrella de neutrones en rotación es capaz de arrastrar electrones que trazan espirales en torno a las líneas del campo magnético, y ese movimiento produce radiación de longitud de onda larga, detectable con radiotelescopios. Cuando estas partículas se mueven en espiral a lo largo de los polos magnéticos, esa radiación electromagnética se concentra

FIG. 21.1 Una estrella de neutrones, lo que queda de una explosión de supernova, es un objeto extremadamente denso y magnetizado que resulta más sencillo de detectar si los polos magnéticos apuntan hacia nosotros.

en un haz que a veces está orientado hacia nosotros. Los polos magnéticos no siempre están alineados con el giro del objeto, por lo que estos haces a menudo barren amplias trayectorias en el cielo con parpadeos cuya cadencia está acompasada con la rotación. Cuando la doctora Jocelyn Bell-Burnell descubrió estos parpadeos por primera vez no se sabía que se debían a estrellas de neutrones, por lo que se denominaron púlsares, en referencia a los pulsos de radiación que alcanzaban la Tierra.

Ahora sabemos que los púlsares no son más que el subconjunto de la población de estrellas de neutrones formado por aquellas en las que la geometría alinea el haz de radiación de tal manera que vemos un destello

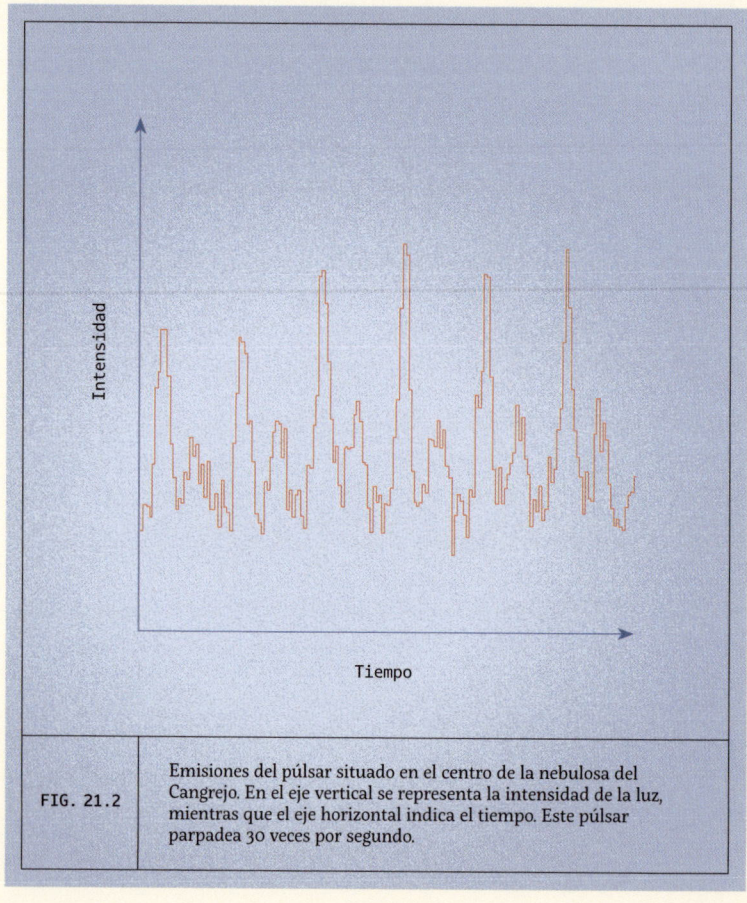

FIG. 21.2   Emisiones del púlsar situado en el centro de la nebulosa del Cangrejo. En el eje vertical se representa la intensidad de la luz, mientras que el eje horizontal indica el tiempo. Este púlsar parpadea 30 veces por segundo.

cada vez que apunta hacia nosotros. Los primeros púlsares descubiertos
enviaban destellos en nuestra dirección cada 1.3 segundos, pero desde
entonces se han detectado púlsares mucho más rápidos. El más veloz de
los más de 3400 púlsares conocidos hasta 2024 gira 716 veces por segundo,
y continuamente se descubren más (fig. 21.2).

Uno de los púlsares más espectaculares es la estrella de neutrones
situada en el centro de la nebulosa del Cangrejo. Esta nebulosa es el
vestigio de una supernova que explotó en 1054 y que la mayoría de las
civilizaciones de la época observaron como una «estrella nueva». Se han
realizado esfuerzos considerables para determinar con exactitud cuándo
explotó este astro y buscar los primeros registros de observaciones de la
supernova. La propia estrella de neutrones puede observarse en detalle con
instrumentos modernos, y actualmente parpadea a un ritmo de 30 veces
por segundo. Es el más brillante de los púlsares detectables en luz visible,
en gran parte porque está bastante cerca de la Tierra, a solo 6200 años luz
de distancia.

La mayoría de los púlsares funciona como relojes autorregulados
extremadamente estables, pero a veces una pequeña fracción de ellos
se acelera, en un evento conocido como *glitch*. Estos episodios suponen,
a escala humana, alteraciones muy pequeñas en el giro de una estrella de
neutrones, pero, como las estrellas de neutrones son tan precisas y regulares,
incluso una desviación minúscula en la cadencia de sus destellos resulta
a la vez perceptible y desconcertante. Se trata de comportamientos cuyo
estudio es interesante porque quizá nos digan algo sobre el funcionamiento
interno de la estrella de neutrones. Una de las explicaciones para muchos
de estos fenómenos es que se produce una especie de sismo en la corteza
exterior sólida de una estrella de neutrones que experimenta un cambio
brusco de forma, similar a un terremoto, que modifica la velocidad de giro.
No todos los *glitches* de los púlsares pueden explicarse de este modo, por
lo que es probable que ocurra más de una cosa.

LÁMINA 6

De los libros de historia a las imágenes modernas

Una supernova deja tras de sí una
espectacular nebulosa en la que el material
de la antigua estrella se dispersa a gran
velocidad. En este caso, lo único que queda
del astro es una estrella de neutrones.
La explosión correspondiente a este
remanente de supernova en concreto,
la nebulosa del Cangrejo, fue observada
por muchas personas en el año 1054
y se reveló como el objeto más brillante
de todo el cielo, exceptuando
el Sol y la Luna llena.

como agujero negro

Para conocer una estrella, también podemos fijarnos en el otro resultado posible de la explosión de una supernova: un agujero negro. Los agujeros negros surgen de los episodios de supernova que ponen fin a la existencia de las estrellas más masivas. En estos sistemas, el núcleo, antes de desplomarse, alcanza una masa tres veces mayor que la del Sol. El colapso del núcleo sigue el mismo proceso, con una detención temporal del colapso en una fase de protoestrella de neutrones que provoca un tremendo rebote.

Sin embargo, en estos objetos, la fuerza nuclear fuerte no es suficiente para sostener la estrella de neutrones frente a la gravedad. Y, en este caso, acabamos rompiendo muchas matemáticas. Al no quedar ya más fuerzas capaces de operar a escalas más pequeñas que la fuerza nuclear fuerte, una vez que la gravedad gana, se impone para siempre. El objeto prosigue su colapso sin oponer ninguna resistencia.

Al final se forma un objeto tan denso que, para escapar de su «superficie», habría que viajar más rápido que la luz, lo cual es imposible. Esto marca la aparición de un nuevo agujero negro, y la frontera del espacio en la que se encuentra este punto de no retorno se llama *horizonte de sucesos*. Aquí no hay ninguna superficie física, se trata de un mero marcador matemático que nos indica dónde se encuentra el límite gravitatorio sin retorno (fig. 22.1).

El objeto físico que experimenta el colapso no tiene ningún motivo para dejar de desplomarse, por lo que suponemos que debe continuar hasta que ya no pueda colapsarse más. Esto exigiría que alcanzara un punto singular que no ocupara ningún volumen, pero con varias masas solares de material apiñadas en su interior. Este punto de densidad infinita se denomina *singularidad*, y la explicación de sus propiedades tropieza con dificultades matemáticas, ya que dividir entre un volumen nulo para obtener una densidad infinita supone todo un reto.

Sin embargo, podemos observar el impacto de este objeto infinitamente denso sobre cualquier cosa que se le acerque. Una de las formas más limpias de detectar un agujero negro de masa estelar consiste en volver a buscar estrellas binarias, en las que una estrella ya ha terminado su evolución y la otra permanece en la secuencia principal o en fase de gigante roja. En casos como estos es posible observar un agujero negro de dos maneras. Primero, a través del movimiento inducido en la estrella

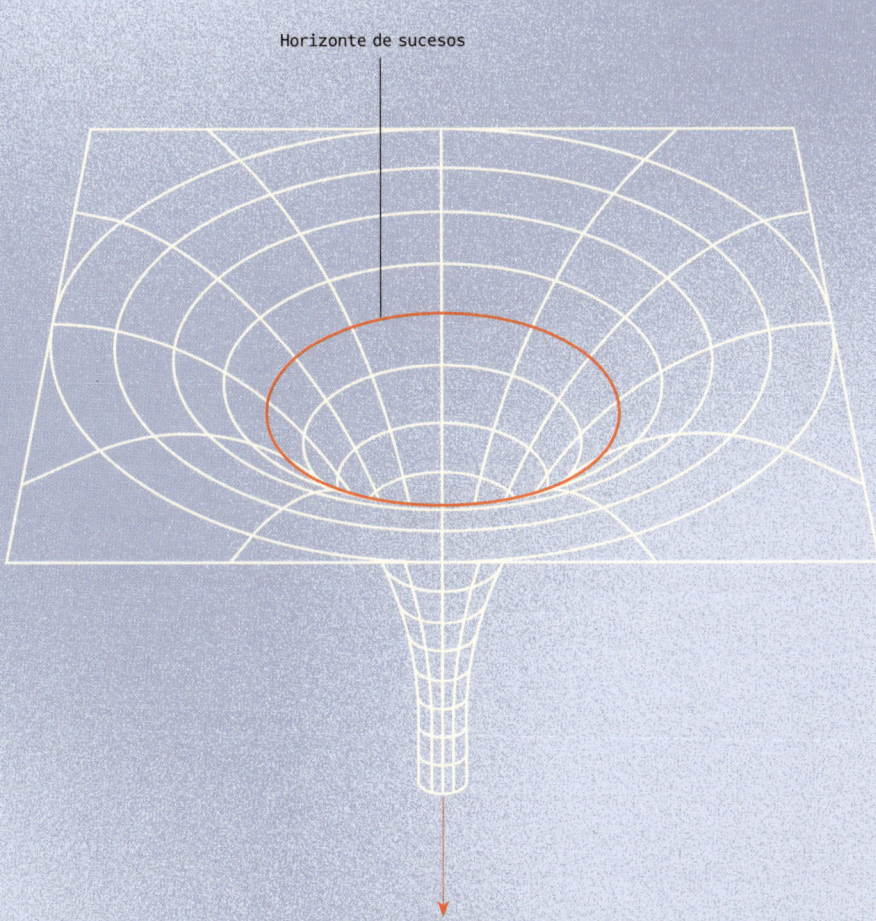

Horizonte de sucesos

Singularidad

| FIG. 22.1 | Algunas de las primeras pruebas de que los agujeros negros eran reales procedieron de la identificación de objetos que se encontraban en sistemas binarios con otra estrella. El agujero negro a menudo absorbe material de su compañera y crea un brillante disco de acreción con el material sobrecalentado que está en proceso de caída hacia su interior. |

brillante: si vemos la compañera brillante de un agujero negro orbitando alrededor de un objeto que no podemos ver, pero cuya masa podemos inferir, es fácil identificar que tiene que haber un agujero negro, aunque sea totalmente invisible (fig. 22.2).

La segunda forma es más fácil de entender. Si nuestros dos objetos se encuentran en una órbita lo bastante estrecha, entonces, igual que una enana blanca podría extraer material para alimentar una nova, el agujero negro puede hacer lo mismo, arrancando las capas externas de la estrella y convirtiéndolas en un brillante disco de acreción que gira alrededor del agujero negro. Los agujeros negros no son muy eficientes acumulando material nuevo en el entorno de su horizonte de sucesos, y el material drenado de la compañera se calienta hasta una temperatura inmensa que llega a alcanzar los 180 millones de grados Celsius. A estas temperaturas, el disco brilla con intensidad en el rango de los rayos X. Gran parte del material de este disco nunca llega a caer en el agujero negro, sino que sale despedida hacia el exterior en dos grandes chorros perpendiculares al disco de acreción. La afortunada fracción del material que llega hasta

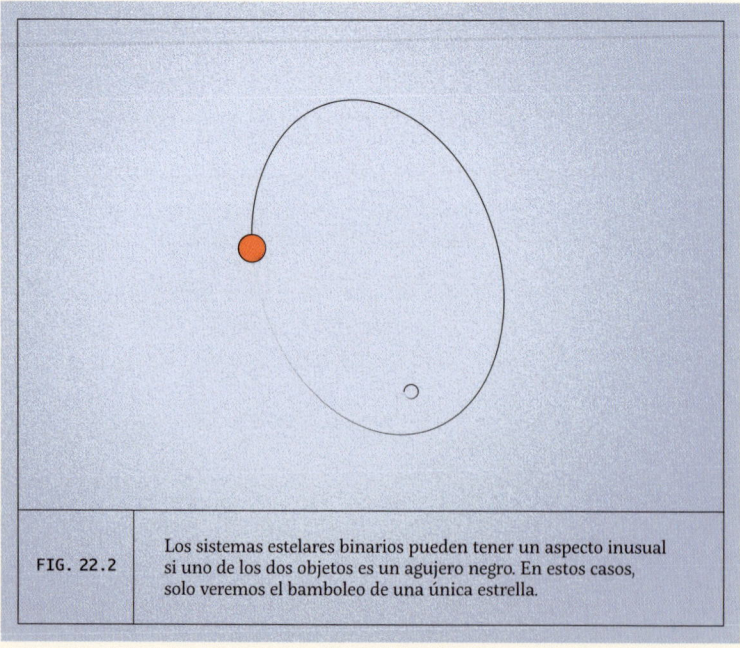

FIG. 22.2   Los sistemas estelares binarios pueden tener un aspecto inusual si uno de los dos objetos es un agujero negro. En estos casos, solo veremos el bamboleo de una única estrella.

el agujero negro cae hacia su interior a través del horizonte de sucesos y termina por asentarse en la singularidad, con lo que añade una cantidad pequeña de masa al agujero negro.

La gravedad tan extrema en el entorno del horizonte de sucesos induce intensas fuerzas de marea. De la misma manera que la Luna tira del lado cercano de la Tierra con más fuerza que del lado más lejano, ya que la gravedad es más fuerte entre dos objetos cuanto más cerca están, los agujeros negros pueden hacer lo mismo con cualquier objeto lo bastante próximo. El lado más cercano de cualquier objeto que caiga hacia un agujero negro experimentará una atracción gravitatoria mucho más fuerte que el lado más alejado, y esto significa que el objeto se estirará. El lado cercano se acerca aún más, lo que lo expone a una fuerza gravitatoria aún mayor, y así el estiramiento se torna más extremo. Este proceso se conoce científicamente como *espaguetización*.

Hay que tener en cuenta que, para que este efecto resulte perceptible, es necesario que la materia se encuentre muy cerca del agujero negro. Desde grandes distancias, los agujeros negros se comportan exactamente igual que cualquier otro cuerpo masivo, por lo que pueden funcionar como una estrella normal en un sistema binario, con separaciones de millones de kilómetros. El horizonte de sucesos de un agujero negro de 10 masas solares tiene un radio de tan solo 30 kilómetros, así que la espaguetización y otros fenómenos extremos solo se producen estando a unas decenas de kilómetros de la singularidad. Si nos alejamos lo suficiente, un agujero negro no es más que un fascinante pliegue de la gravedad.

como objeto inestable

Hay estrellas que no son, en absoluto, fuentes estables de luz. Aunque esperamos que la gran mayoría de las estrellas, durante la inmensa mayoría de su existencia como objetos luminosos, sea estable, hay muchas estrellas que no encajan dentro de esta categoría. Y cuanto más buscamos, más encontramos.

Uno de los mejores métodos modernos para detectar estrellas variables en el cielo fue el satélte Gaia, cuya misión consistió en cartografiar con precisión la ubicación de mil millones de estrellas de nuestra propia Galaxia. Elaborar este censo llevó un cierto tiempo, lo que permitió a Gaia recopilar un enorme catálogo de estrellas cuyo brillo ha cambiado a lo largo de los años que estuvo observando el cielo. El conjunto de datos de Gaia publicado en 2022 contenía 1800 millones de objetos, de los cuales unos 10 millones probablemente sean galaxias que están fuera de la nuestra, y otros 10.5 millones son fuentes variables.

Las estrellas variables se clasifican de acuerdo con su comportamiento. ¿Cuál es la cadencia de su variabilidad? ¿La variabilidad se repite o es puntual? ¿Siguen los brillos y atenuaciones un patrón regular o más bien aleatorio? ¿La estrella se ilumina y se apaga con suavidad o experimenta saltos bruscos de brillo y luego se apaga poco a poco con el paso del tiempo?

Técnicamente, cualquier objeto que cambie de brillo intrínseco, aunque sea una vez, podría considerarse una estrella variable. Esto significa que fenómenos como las novas y las supernovas se consideran tipos de estrellas variables, aunque en el caso de una supernova solo ocurrirá una vez. Estos fenómenos se clasifican como variables cataclísmicas, aunque en esta categoría tan solo las novas recurrentes presentan una variabilidad explosiva con una cadencia repetida (fig. 23.1).

También existen estrellas variables llamadas estrellas fulgurantes. Por lo general, se trata de estrellas ligeras de la secuencia principal que de vez en cuando lanzan unas fulguraciones enormes. El estallido de luz de la fulguración es suficiente para incrementar el brillo de la estrella, que luego se apaga. Estas fulguraciones no suelen seguir un patrón predecible, ya que el proceso que subyace a este fenómeno es de carácter magnético y bastante errático. Se ha observado que la estrella más cercana a nuestro Sol, Próxima Centauri, se comporta de este modo y en ocasiones emite fulguraciones tan energéticas como las del Sol, a pesar de tener solo

FIG. 23.1 Las estrellas ligeras parecen más activas que nuestro Sol: producen eyecciones de masa coronal bastante potentes y presentan erupciones en sus superficies, todo lo cual altera su brillo visto desde la Tierra.

una décima parte de su masa. Estas erupciones, que producen una gran cantidad de rayos X, son capaces de destruir cualquier tipo de atmósfera que se haya formado alrededor de un planeta. Una vez que la atmósfera desaparece, la radiación ultravioleta que liberan las erupciones debería esterilizar la superficie del planeta, lo que resulta poco favorable para cultivar nada.

La mayoría del resto de estrellas cuya emisión luminosa varía con el tiempo experimenta un cambio físico de tamaño, y ya no se encuentra en la secuencia principal. Por lo general, se trata de estrellas que atraviesan alguna etapa de la fase de gigante roja. Uno de los

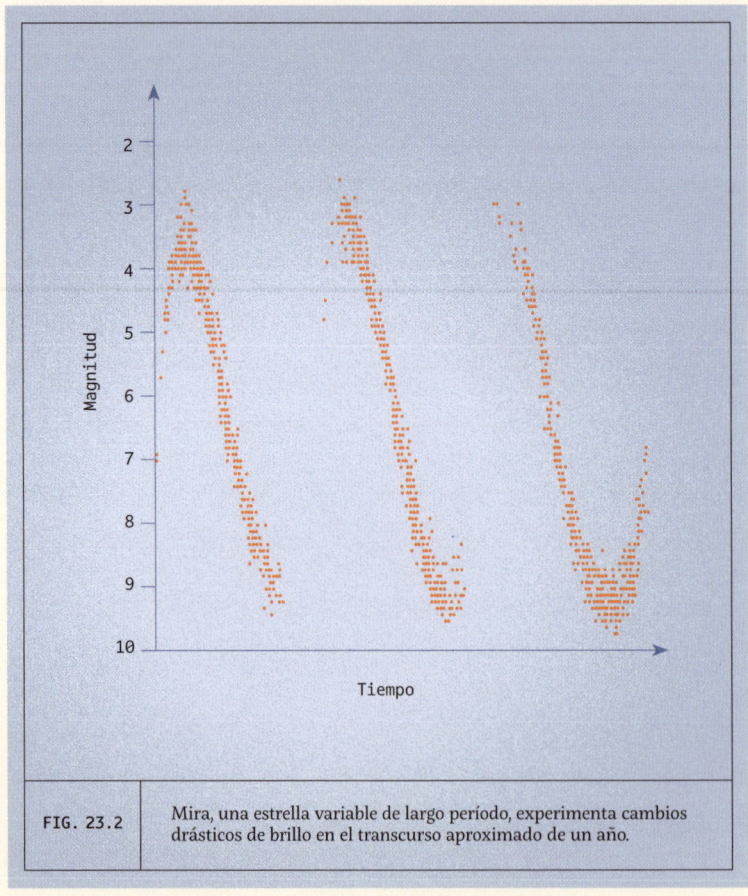

FIG. 23.2   Mira, una estrella variable de largo período, experimenta cambios drásticos de brillo en el transcurso aproximado de un año.

ejemplos más espectaculares de este tipo de estrellas, aparte de Betelgeuse, es Mira, en la constelación de la Ballena. Se trata de una estrella variable bastante lenta que alterna intensidades brillantes y débiles cada 330 días. Se encuentra en la rama asintótica de las gigantes, por lo que experimenta la fusión en capas alrededor del núcleo, y es de esperar que acabe convertida en una enana blanca. Mira es el prototipo de la clase de estrellas variables de «tipo Mira», caracterizadas por una variabilidad especialmente llamativa. El brillo de la propia Mira varía en seis magnitudes, lo que significa que en el cielo nocturno entra y sale del rango accesible a la observación a simple vista (fig. 23.2).

En el otro extremo de la cadencia de parpadeo se encuentran las estrellas de tipo RR Lyrae, que suelen variar a intervalos temporales de menos de doce horas. Su brillo oscila alrededor de media magnitud, por lo que no son tan espectaculares como las variables de tipo Mira con sus cambios de brillo de varias magnitudes. Aunque las estrellas de tipo RR Lyrae han salido de la secuencia principal, suelen ser poco masivas, lo que significa que son bastante viejas. En general, tienen entre un 60 y un 80 por ciento de la masa del Sol, por lo que su edad ronda los 10 000 millones de años.

Por supuesto, hay excepciones a todos los esquemas de clasificación, y las variables luminosas azules son una de ellas. El ejemplo más llamativo parece ser Eta Carinae, que sufrió una especie de erupción masiva a finales de la década de 1830, que dio lugar a la nebulosa del Homúnculo a su alrededor. Experimentó un incremento pasajero de brillo de cuatro magnitudes y después se apagó. Es probable que este estallido masivo provocara que la estrella expulsara 3 masas solares de material. Las estrellas extremadamente masivas, azules y luminosas como Eta Carinae son candidatas a sufrir explosiones de supernova en el futuro.

como binaria eclipsante

Cuando se estudia en detalle la estrella Demonio, más formalmente conocida como Algol, resulta ser un sistema estelar triple. Las dos estrellas más masivas orbitan muy cerca la una de la otra, y una tercera se encuentra en una órbita mucho más separada. Algol brinda también un ejemplo excelente de cómo se puede observar una estrella de brillo variable.

Las dos estrellas masivas pasan una por delante de la otra, vistas desde nuestra perspectiva. Cuando esto sucede, se habla de un sistema binario eclipsante, y los eclipses resultan muy regulares y llamativos. El comportamiento de una binaria eclipsante difiere del suave ascenso y descenso de brillo que presenta cualquier estrella que sea variable de manera intrínseca. El sistema eclipsante parte de un nivel de brillo completamente constante, que es la suma de las dos estrellas. El eclipse llega de golpe, cuando una de las estrellas bloquea del todo o en parte la luz de la otra. En casos extremos, la cantidad de luz recibida se estabiliza en algún nivel inferior y, luego, cuando la estrella que hay detrás vuelve a emerger en nuestra línea de visión, la luz regresa al nivel original. La forma más común de representar estos sistemas es mediante una curva de luz, que es la gráfica que representa la fracción de la cantidad máxima de luz que no llega del sistema, en función del tiempo (fig. 24.1).

Se puede aprender mucho sobre las estrellas examinando sus eclipses, por lo que, aunque los azares de la geometría los hagan poco comunes, estos sistemas resultan fantásticamente útiles. Y, como hemos buscado tanto para detectar estrellas interesantes, también hemos encontrado muchas eclipsantes: hasta ahora constan al menos 500 000 en los datos de Gaia; el satélite cazador de planetas Kepler encontró 2878, y el sucesor de Kepler, TESS, identificó 4580 más. Ni TESS ni Kepler buscaban estrellas binarias eclipsantes. Estas misiones perseguían señales mucho más débiles debidas a tránsitos de planetas, pero, si se busca un pequeño parpadeo planetario, entonces también se encontrarán muchos sistemas binarios eclipsantes de manera accidental.

Como el eclipse es una característica debida a la órbita de las dos estrellas, se repetirá con exactitud, y esta repetición indica cuánto tardan las estrellas en orbitarse. Si las estrellas tuvieran la misma masa y radio (y, por tanto, la misma temperatura), deberíamos esperar que las curvas de luz de los dos eclipses tuvieran la misma profundidad y anchura.

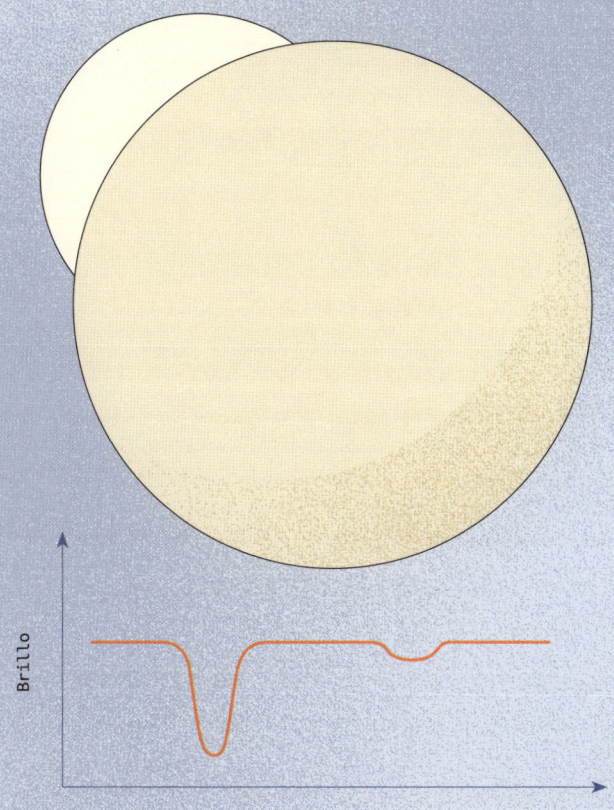

Brillo

Tiempo

| FIG. 24.1 | Las estrellas binarias eclipsantes son aquellos sistemas estelares en los que una estrella pasa justo por delante de la otra, lo que bloquea la luz de la estrella de fondo. Este tipo de sistema requiere buena suerte geométrica, pero es muy informativo. |

Sin embargo, en la mayoría de los casos, las dos estrellas no tienen la misma temperatura, por lo que la curva de luz de cada eclipse resulta diferente. En estas condiciones, la estrella menos masiva (normalmente más pequeña, más fría y más débil) bloqueará una fracción de la estrella más caliente y brillante, lo que causa una disminución sustancial de la cantidad total de luz que recibimos aquí. Sin embargo, cuando la estrella más débil pasa por detrás de la más brillante, aunque la cantidad total de luz disminuye, es menos importante, ya que el objeto oscurecido es menos luminoso.

Si tenemos la velocidad de las dos estrellas, podemos utilizar el tiempo que tarda el eclipse en alcanzar su valor máximo, o en remontar desde el punto más profundo de la curva de luz, para hallar directamente el radio de cada una de las estrellas (fig. 24.2).

De Algol, por tanto, sabemos bastante. La estrella más caliente y brillante del sistema tiene unas 3.4 veces la masa del Sol, mientras que su compañera posee aproximadamente el 75 por ciento de la masa del Sol

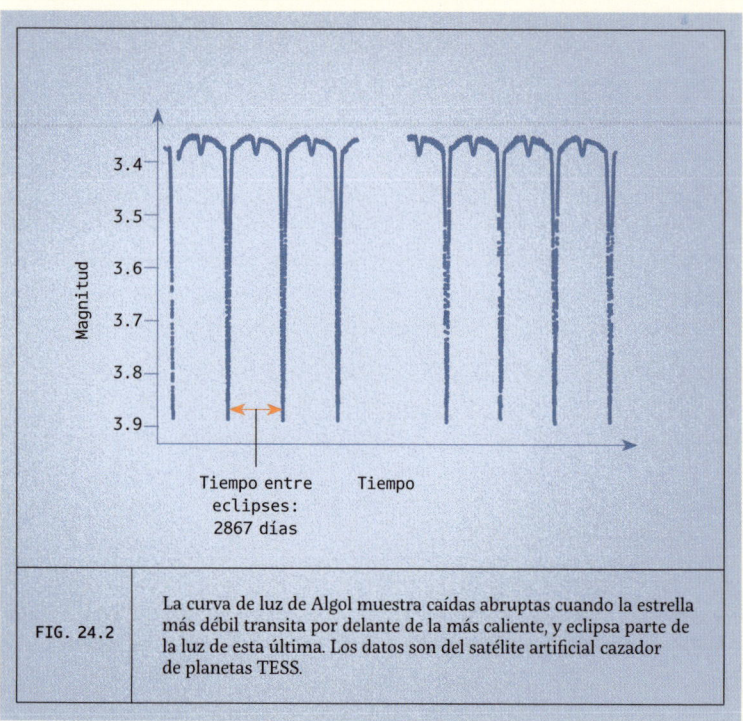

Tiempo entre eclipses: 2867 días

FIG. 24.2 — La curva de luz de Algol muestra caídas abruptas cuando la estrella más débil transita por delante de la más caliente, y eclipsa parte de la luz de esta última. Los datos son del satélite artificial cazador de planetas TESS.

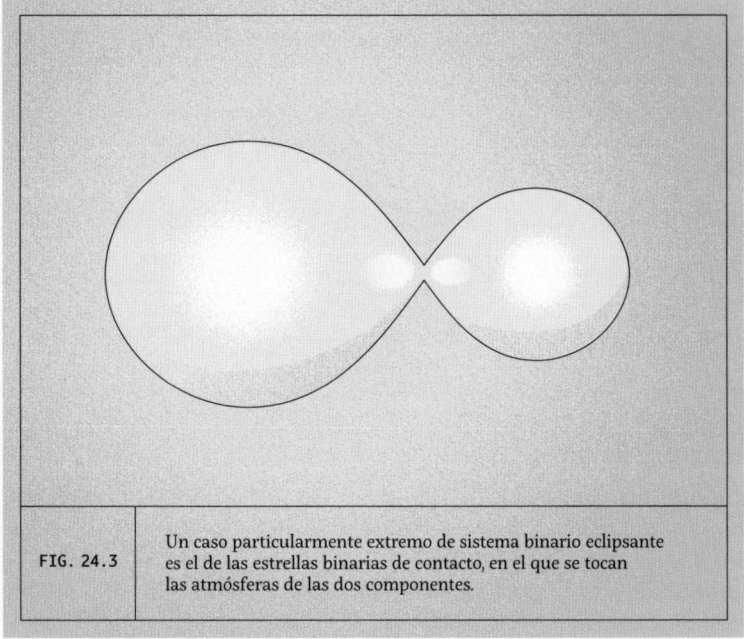

FIG. 24.3 Un caso particularmente extremo de sistema binario eclipsante es el de las estrellas binarias de contacto, en el que se tocan las atmósferas de las dos componentes.

y gira una vez cada 2.8 días siguiendo una órbita perfectamente circular. La estrella más caliente tiene una temperatura de unos 12 227 °C, mientras que la compañera débil es bastante más fría, con 4627 °C. Otras investigaciones han demostrado que las dos estrellas se encuentran lo bastante próximas entre sí como para que, sin duda, hayan intercambiado material. Las observaciones de radio muestran una corriente de gas que sigue las líneas de campo magnético desde la estrella de baja masa hasta la estrella de mayor masa.

Este traspaso de material entre ambos objetos es esperable, teniendo en cuenta lo cerca que están el uno del otro, pero hay situaciones más extremas. Existe una clase de sistemas eclipsantes llamados *binarias de contacto*, en las que las componentes se encuentran tan cercanas que sus atmósferas llegan a tocarse (fig. 24.3). Estos sistemas no se hallan porque se observe una estrella hecha de dos lóbulos, sino porque se registran como sistemas binarios eclipsantes muy apretados con órbitas tan pequeñas y radios tan grandes que se tocan las superficies de los dos astros. Estos sistemas terminarán por fusionarse en una estrella única, pero si el contacto entre las atmósferas es reducido, el resultado no está asegurado.

LÁMINA 7

Restos de una explosión

Eta Carinae, una estrella variable azul luminosa, sufrió una erupción espectacular a finales de la década de 1830 que dio lugar a la nebulosa Homúnculo, que ahora envuelve la propia estrella.

como parte de la Galaxia

La observación de los patrones que encontramos en el firmamento nocturno nos revela qué estructuras pueden conformar las estrellas. Todas las estrellas que se detectan a simple vista forman parte de una estructura mucho mayor: la Galaxia.

Los primeros estudios del cielo revelaron que las estrellas no son igual de numerosas en todas las direcciones, lo que ofrece un primer indicio sobre la estructura de la Galaxia. En cielos oscuros, esto resulta evidente incluso al ojo menos atento porque en ellos se divisa la Vía Láctea, una banda luminosa que podría parecerse a nubes altas y delgadas que atraviesan el firmamento. Pero lo cierto es que no se trata de nubes de la atmósfera de nuestro propio planeta, sino de una multitud de estrellas lejanas, cada una de las cuales lanza un poco de luz en nuestra dirección.

La existencia de la Vía Láctea como una banda en nuestros cielos nos da pistas sobre la estructura de la Galaxia y acerca de la posición que ocupamos en su interior. Si la Galaxia tuviera forma de esfera, no cabría esperar que mostrara ese perfil delgado. Por tanto, descartamos una forma aproximadamente esférica. Si estuviéramos en el centro de una esfera como esa, entonces veríamos más o menos la misma cantidad de estrellas en todas direcciones. Y si residiéramos en el borde de una Galaxia esférica, esperaríamos ver el cielo repleto de astros en algunas épocas del año y con bastantes menos estrellas en otras, cuando nuestro firmamento nocturno estuviera orientado hacia las regiones menos densas del sistema (fig. 25.1).

Los primeros intentos para deducir la estructura de la Galaxia se basaron en esta idea, pero se toparon con la dificultad de que la Galaxia no es un mero conjunto de cuerpos luminosos, sino que entre las estrellas hay gas y un polvo muy fino, y esas nubes bloquean la luz de las estrellas. Aun así, la visión de la Vía Láctea indica que debemos de estar en el seno de algún tipo de estructura aplanada.

Ha costado grandes esfuerzos cartografiar la Galaxia por el simple hecho de que nos hallamos en su interior. Es sencillo averiguar la forma de las cosas que podemos ver desde fuera: basta con mirar. Pero, al encontrarnos en el interior de la Galaxia, la identificación de su verdadera estructura se convierte en un auténtico reto, y el desarrollo de nuevos instrumentos va revelando características nuevas.

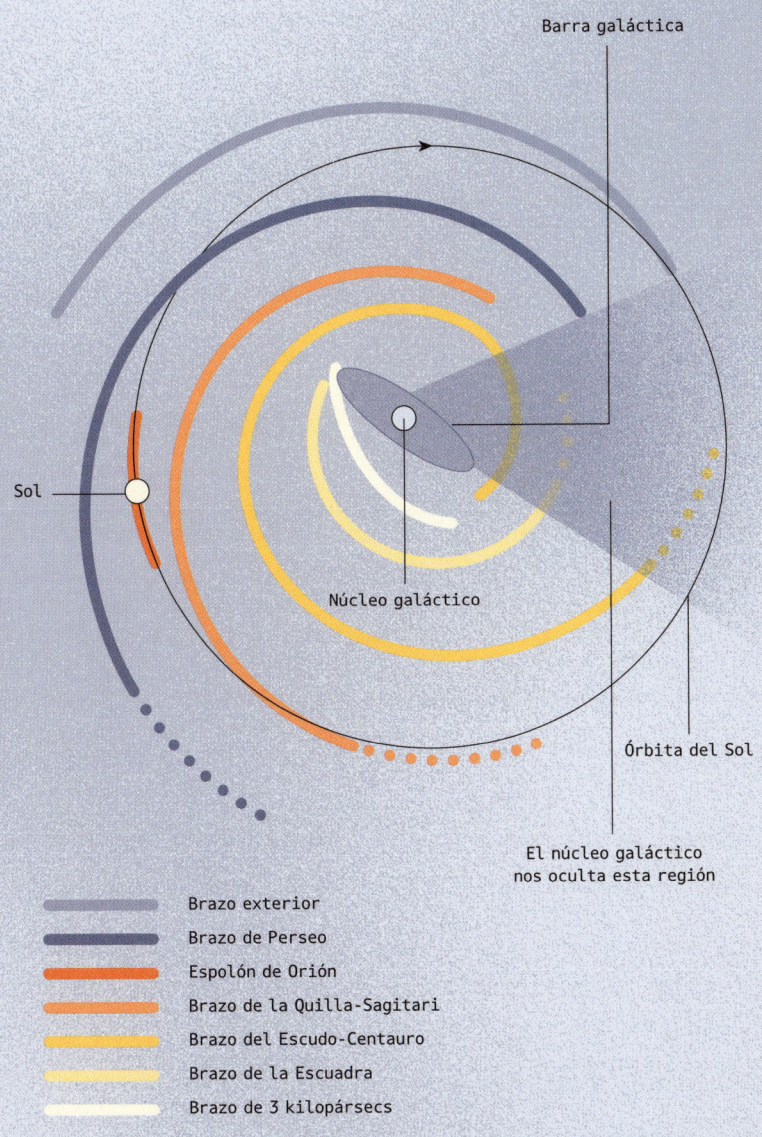

Barra galáctica

Sol

Núcleo galáctico

Órbita del Sol

El núcleo galáctico
nos oculta esta región

Brazo exterior
Brazo de Perseo
Espolón de Orión
Brazo de la Quilla-Sagitari
Brazo del Escudo-Centauro
Brazo de la Escuadra
Brazo de 3 kilopársecs

FIG. 25.1   La Galaxia, tal y como se conoce hoy, presenta una gran barra nuclear que atraviesa su centro, así como brazos espirales que se extienden hacia el exterior a partir del final de esa barra. El Sol está algo alejado del centro galáctico, entre dos de los brazos espirales principales.

Hemos aprendido que la Galaxia tiene la forma de un disco muy plano, en cuyo seno hay «brazos» con mayor densidad de estrellas que se despliegan en espiral desde el centro galáctico. Nuestro Sol se encuentra a unos 26 500 años luz de su centro, en una protuberancia de uno de los brazos espirales principales. Hubo que esperar hasta 1991 para tener pruebas sólidas de la existencia de la barra que atraviesa el centro de la Galaxia, un elemento que parece fuera de lugar en una estructura que, por lo demás, es circular y espiral. La barra es bastante recta, se extiende a lo largo de unos 16 000 años luz desde el centro y forma unos 30 grados

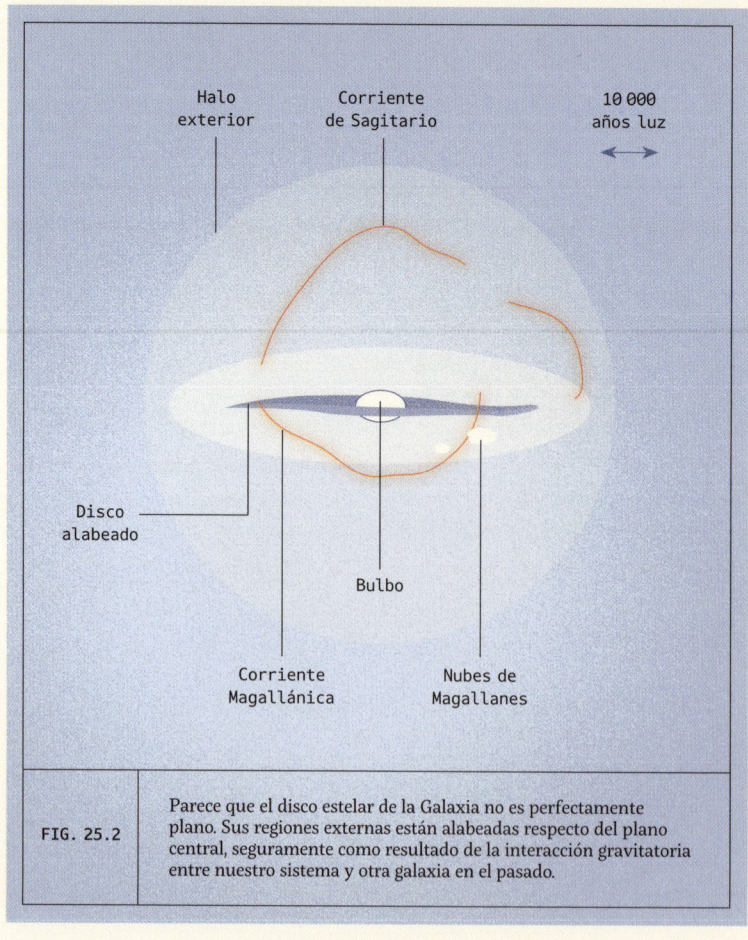

FIG. 25.2 — Parece que el disco estelar de la Galaxia no es perfectamente plano. Sus regiones externas están alabeadas respecto del plano central, seguramente como resultado de la interacción gravitatoria entre nuestro sistema y otra galaxia en el pasado.

con la línea trazada desde nuestro lugar de observación en la Tierra. Esto sitúa la Galaxia dentro de la categoría de las galaxias espirales barradas (fig. 25.2).

Al examinar en detalle las estrellas de la Galaxia, se han detectado algunos otros rasgos inusuales trazados en su totalidad por el débil rastro de estrellas lejanas. El primero de ellos consiste en que, aunque las estrellas de la Galaxia se concentren apretadas en un disco fino, este disco no es perfectamente plano, sino que está alabeado de tal manera que un borde del disco está levantado hacia un lado y el opuesto se tuerce en dirección contraria, una figura que resulta más notoria a medida que nos alejamos del centro. Las teorías más modernas explican este alabeo como resultado de algún tipo de interacción gravitatoria sucedida en el pasado, como una colisión remota, o el impacto contra alguna pequeña galaxia satélite. En cualquier caso, la agitación gravitatoria inducida por ese objeto podría haber distorsionado un disco que antes sería perfectamente plano. Si la culpa fuera de una galaxia satélite, esta habría atravesado la región externa del disco de la nuestra, con lo que habría causado la perturbación que aún vemos en las estrellas externas de la Galaxia y en su movimiento. Cierto modelo apunta a que la mejor explicación del alabeo es una interacción pequeña y reciente, lo que implica que esta deformación sería un añadido nuevo a la lista de rasgos de la Galaxia.

El examen minucioso de la región que rodea la Galaxia aporta aún más indicios de pequeñas interacciones entre nuestro sistema estelar y otras compañeras de menor tamaño. La búsqueda de estrellas allí donde no esperábamos encontrarlas condujo al descubrimiento de la corriente de Sagitario. Esta corriente consta de estrellas que formaron parte de la galaxia enana de Sagitario, cuya interacción con nuestra Galaxia la ha perturbado tanto que ha ido perdiendo estrellas a todo lo largo de su trayectoria plana y curvada, muy por encima del disco galáctico.

Una panorámica de nuestro hogar

Esta imagen de la Vía Láctea tomada
por la nave Gaia, de la Agencia Espacial
Europea, muestra la densidad de estrellas
que hay en nuestros cielos, ya que reproduce
casi 1800 millones de astros individuales.
Bandas oscuras de polvo ocultan el brillante
disco de nuestra Galaxia.

por su órbita con forma de pétalos

Otra posibilidad para estudiar las estrellas es observar cómo se mueven dentro de nuestra Galaxia. Esta tarea resulta más sencilla en el interior de nuestra propia Galaxia, como suele suceder con una buena cantidad de características detalladas de las galaxias, sobre todo si nos fijamos en el Sol y sus vecinas.

Para determinar la órbita de una estrella hay que especificar tanto su posición como su velocidad, es decir, tanto la rapidez como la dirección de su movimiento. Los cuerpos que se mueven sometidos tan solo a la gravedad describen órbitas elípticas que, en los casos más sencillos, se convierten en circunferencias. Las órbitas circulares o casi circulares son bastante frecuentes, pero no están garantizadas, y muchas estrellas orbitan en torno al centro de sus galaxias con trayectorias más alargadas y ovaladas.

Muchas estrellas siguen caminos que difieren poco de una circunferencia. No son circulares del todo, pero lo parecen si entrecerramos los ojos. Nuestro Sol sigue una órbita de ese tipo, y se ha medido que la velocidad a la que gira el Sistema Solar en torno al centro de la Galaxia asciende a 724 000 km/h, de manera que invierte unos 230 millones de años en completar una vuelta alrededor del centro galáctico (fig. 26.1).

Para describir estas órbitas casi circulares se emplean unos términos bastante divertidos. El punto perigaláctico es el lugar de la órbita más cercano al centro galáctico, mientras que el sitio opuesto, el punto apogaláctico, es el más alejado. Una estrella corriente situada en las regiones galácticas externas no cambia mucho de distancia al centro. En el caso del Sol, se estima que la variación asciende a tan solo unos cuantos puntos porcentuales, lo que significa que seguimos una órbita bastante circular. Aun así, unos puntos porcentuales de 26 000 años luz suponen un cambio sustancial de la distancia al centro galáctico.

Estas órbitas se pueden complicar de dos maneras adicionales. La primera es que la órbita no tiene por qué ser perfectamente plana, sino que puede incorporar un cierto movimiento vertical (respecto del disco galáctico), algo en lo que no se suele pensar cuando se considera una órbita circular. De hecho, cuando hay un cierto movimiento hacia arriba y abajo, cabe esperar que la órbita se balancee en oscilaciones verticales a través del disco galáctico.

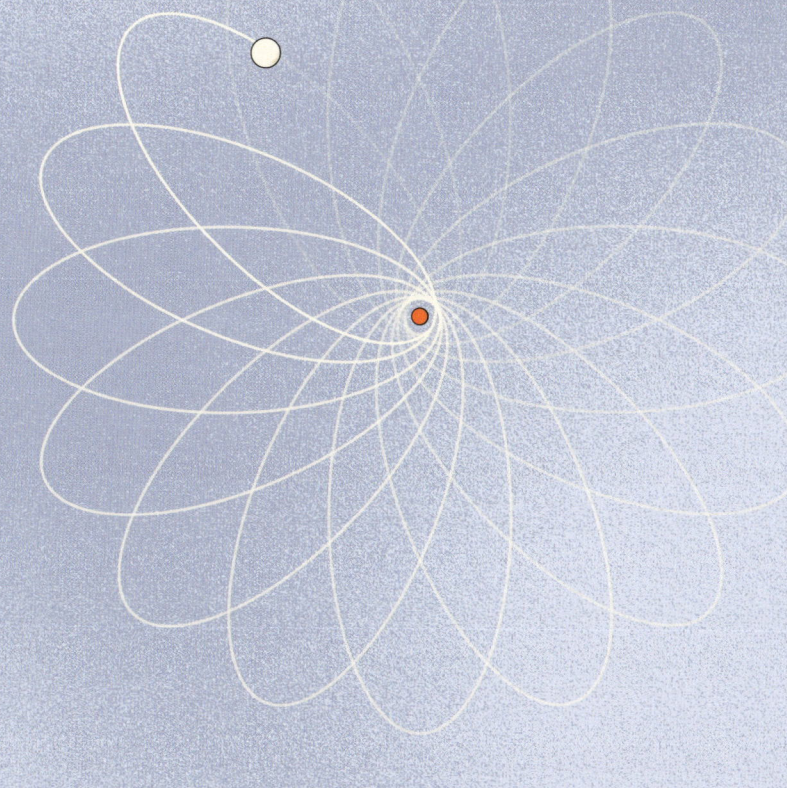

FIG. 26.1   La precesión apsidal aparece en un sistema que no está del todo
            aislado, y produce una órbita alargada que gira con el paso del
            tiempo y termina por trazar una roseta.

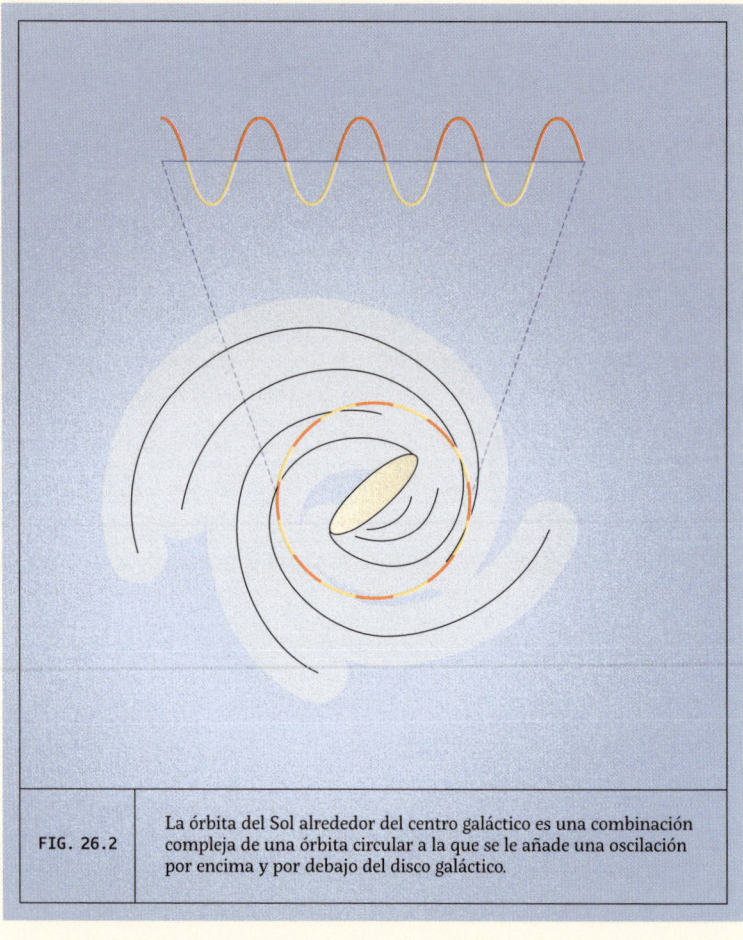

FIG. 26.2	La órbita del Sol alrededor del centro galáctico es una combinación compleja de una órbita circular a la que se le añade una oscilación por encima y por debajo del disco galáctico.

Si una estrella se encuentra por encima del plano galáctico, la gravedad tira de ella hacia «abajo», hacia el plano. No hay nada que se oponga a ese movimiento, así que el astro atraviesa el plano y acaba apareciendo por debajo del disco de la Galaxia. Entonces, la gravedad vuelve a tirar de la estrella hacia arriba y el proceso se repite. La oscilación vertical de la órbita del Sol en la Galaxia es mucho más breve que el tiempo necesario para completar una órbita. El Sol ejecuta un rebote vertical cada 26 millones de años, por lo que experimenta unas 8.5 oscilaciones en cada vuelta en torno al núcleo galáctico (fig. 26.2).

La segunda forma en que la órbita de una estrella puede cambiar con
el tiempo se manifiesta más con trayectorias alargadas. Se trata de
un cambio en la dirección hacia la que apunta el eje mayor de la órbita,
si se adopta como referencia algún punto fijo. Este efecto es difícil de
apreciar en órbitas casi circulares, pero cuando las trayectorias son
alargadas, implica que la estrella termine por describir una trayectoria
complicada con forma de roseta. El desplazamiento no suele ser muy
acusado, pero, con el tiempo y después de muchos giros, hace que la órbita
adopte todas las orientaciones posibles con respecto a cualquier punto
de referencia. Este cambio se denomina precesión apsidal, y se trata del
mismo tipo de desplazamiento que vemos cuando una peonza empieza
a caer y su eje se pone a oscilar trazando un círculo. También los planetas,
o incluso la Tierra y la Luna, experimentan este tipo de precesión, que se
da siempre que hay dos objetos (como una estrella y el centro galáctico)
que se orbitan mutuamente pero que no están del todo solos en términos
gravitatorios. El resto de estrellas de la Galaxia perturba la órbita de cada
astro individual, lo que provoca un desplazamiento muy lento de la órbita.

A medida que nos adentramos en el centro de la Galaxia, las
órbitas de las estrellas se vuelven cada vez menos ordenadas. Pasan de
estar regidas en gran medida por un disco estelar muy fino a someterse
a una región con una estructura diferente: el bulbo. En el bulbo galáctico,
las estrellas siguen trayectorias más aleatorias. Aunque también orbitan
alrededor del centro de la Galaxia, están mucho menos coordinadas entre
sí y tienden a alejarse del disco a una distancia vertical mucho mayor, con
un balanceo mucho más espectacular que el de nuestro Sol. La precesión
se nota mucho más en estas órbitas tan aleatorias, aunque los tiempos
en los que se desarrolla siguen siendo enormes a escala humana.

como parte de una galaxia

Miremos al exterior, hacia galaxias de otros tipos alumbradas por las estrellas que las conforman. Nuestra Galaxia luce iluminada por las estrellas que residen en ella y lo mismo sucede con todas las demás. La forma del resto de galaxias se puede contemplar de un golpe porque las vemos desde fuera. En 1923 se supo que nuestra Galaxia no era una entidad única en el universo, y no se tardó en empezar a clasificar el resto de galaxias. En 1926, Edwin Hubble publicó un sistema de clasificación en el que plasmó los que, a su juicio, eran los grandes tipos de galaxias.

Todavía hoy utilizamos una versión modificada de aquel esquema. La principal línea divisoria se encuentra entre las galaxias espirales, como la nuestra, y las galaxias elípticas, que son sistemas mucho más rojizos y redondeados. Las galaxias elípticas suelen ser mucho más masivas que las espirales (por término medio), y su carencia de estrellas azules nos indica que sus astros se formaron hace mucho tiempo. Cualquier estrella azul que se hubiera formado dentro de una de esas galaxias a la vez que las estrellas rojas, de menor masa, habrá dejado de existir hace tiempo. Hubble subdividió las galaxias elípticas de acuerdo con lo alargado de su perfil, utilizando las longitudes relativas de sus ejes mayor y menor. Por desgracia, la forma por sí sola no nos dice mucho. Una galaxia alargada con forma de balón de rugby puede parecer redonda si la vemos a lo largo de su eje mayor. Necesitaremos más información para saber si una galaxia se ve redonda solo por la perspectiva desde la que la vemos o porque de verdad es esférica (fig. 27.1).

Para clasificar las galaxias espirales se introdujeron otros dos criterios. El primero consiste en indicar si la galaxia tiene una barra central, como la nuestra, o si carece de barra, como le sucede a la vecina Andrómeda. Los brazos espirales de las galaxias sin barra se prolongan hacia dentro, hasta alcanzar el núcleo, sin que la estructura barrada los interrumpa.

Dentro de cada una de estas clases, barradas y no barradas, se establece otra clasificación basada en lo apretados que parecen estar los brazos espirales. Sin embargo, el mismo Hubble reconoció que este criterio es «bastante arbitrario» y, por su carácter subjetivo, ha caído en desuso. Ahora aplicamos en su lugar parámetros más cuantitativos. En general, las espirales tienden a ser más azules que sus compañeras elípticas y, por lo común, menos masivas.

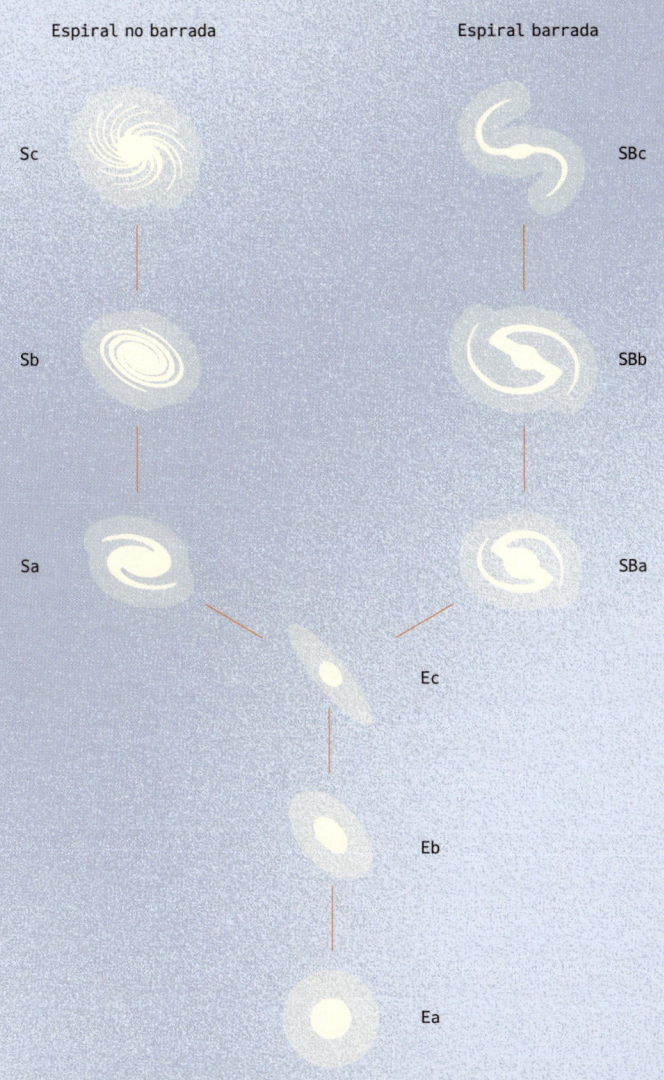

Espiral no barrada

Espiral barrada

Sc

SBc

Sb

SBb

Sa

SBa

Ec

Eb

Ea

Elíptica

| FIG. 27.1 | El esquema de clasificación de Hubble organiza las galaxias en elípticas y espirales y, dentro de las espirales, diferencia entre galaxias barradas y no barradas. Las elípticas se organizan según su alargamiento, y las espirales por lo apretados que se revelen los brazos. |

Además, su aspecto varía mucho según el ángulo desde el que se observen. Una galaxia espiral vista de frente brinda una panorámica directa de la estructura de sus brazos, mientras que si se ve de canto revela el comportamiento del polvo en su interior, así como lo delgado que es su disco. Sin embargo, lo más habitual es ver las galaxias espirales inclinadas con un cierto ángulo intermedio entre estos dos extremos, como sucede con Andrómeda (fig. 27.2).

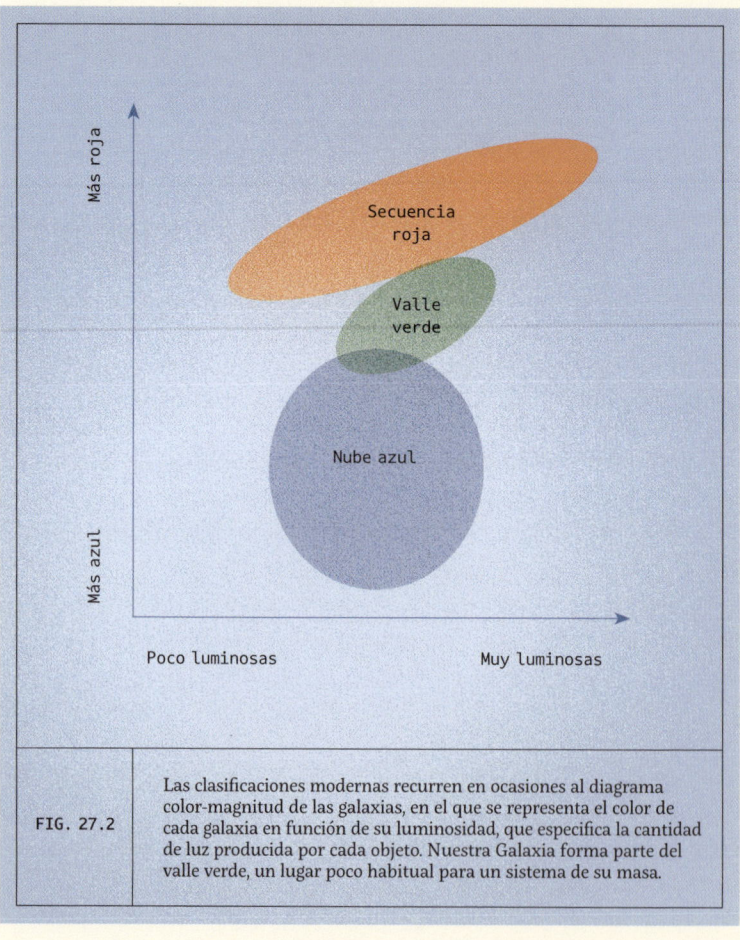

FIG. 27.2   Las clasificaciones modernas recurren en ocasiones al diagrama color-magnitud de las galaxias, en el que se representa el color de cada galaxia en función de su luminosidad, que especifica la cantidad de luz producida por cada objeto. Nuestra Galaxia forma parte del valle verde, un lugar poco habitual para un sistema de su masa.

Hubble estableció una última categoría, la de las galaxias «irregulares», que carecen de una simetría particular, un cajón de sastre donde colocar todas las galaxias que no se ajustaran bien a las clases de las espirales o las elípticas. Las irregulares presentan multitud de formas. Algunas son objetos de masa extremadamente baja, con formación estelar intensa, pero que parecen carecer de masa suficiente como para que su rotación interna se organice en un disco espiral. Sin embargo, hay otras galaxias que, a pesar de tener gran masa, presentan una forma muy caótica. Ahora creemos que estas galaxias irregulares masivas están experimentando colisiones tremendas que condicionarán su figura para el resto de su existencia. Las galaxias irregulares masivas suelen estar formando estrellas a un ritmo muy veloz y presentan grandes cantidades de polvo que oscurece los detalles de lo que sucede por detrás. Pero, si examinamos un número suficiente de galaxias y disponemos de suficientes telescopios, podemos llegar a la conclusión de que la mayoría de estas galaxias probablemente fueron espirales con anterioridad, pero tuvieron la desgracia de pasar demasiado cerca de otra galaxia. Esto les valió la condena gravitatoria de caer juntas en un proceso que (por lo general) dura varios miles de millones de años.

Estas clasificaciones contienen una diversidad enorme. Algunas galaxias espirales presentan densos retazos de polvo que cruzan sus discos brillantes. Algunas elípticas muestran una cierta tasa de formación estelar o envolturas de estrellas que se interpretan como restos de colisiones anteriores con otras galaxias que lanzaron estrellas a órbitas lejanas. Hay galaxias con un disco delgado, pero sin indicios claros de brazos espirales. Hay galaxias espirales con brazos, pero de color muy rojo, lo que indica que la formación estelar tocó a su fin en ellas, aunque de alguna forma no catastrófica.

miembro de un cúmulo

Al observar las estrellas que hay alrededor de otras conocemos sus historias, el relato de cómo y cuándo se formaron. Muchas estrellas se forman a la vez que otras, a partir de una nube de gas y polvo tan masiva que su colapso no podía dar lugar a un solo astro. Aunque un gran número de estas agrupaciones estelares se disuelve con relativa rapidez tras su formación, algunas de ellas logran persistir durante mucho tiempo. Se observan grupos estelares de dos tipos principales: los cúmulos abiertos y los cúmulos globulares.

Los cúmulos abiertos suelen ser conjuntos de entre decenas y miles de estrellas brillantes, vigorosas y azules. Uno de los cúmulos abiertos más sencillos de observar es el de las Pléyades, una agrupación de más de mil estrellas que se mantienen unidas por un vínculo gravitatorio débil, y entre las cuales destacan las más brillantes, que se perciben como las Siete Cabrillas. Las estrellas así de masivas no perduran mucho tiempo, por lo que deducimos que este cúmulo debió de formarse hace relativamente poco.

Se cree que los cúmulos abiertos, como las Pléyades, tuvieron que originarse con estructuras más densas que las que revelan ahora. Es posible que surgieran en entornos similares al de la actual nebulosa de Orión, en cuyo interior también hay un gran número de estrellas jóvenes y brillantes que iluminan el entorno. Con el tiempo, a medida que el viento estelar de las estrellas invade la zona, el gas que podría haber servido para formar más estrellas se ve barrido hacia el exterior en un proceso que elimina hasta la mitad de la masa que había en la región. Esta disminución de la masa hace que las estrellas queden menos unidas entre sí, y por eso se separan. Si las estrellas se encuentran al principio lo bastante apretadas, algo que parece estar sucediendo en la nebulosa de Orión, algunas de ellas pueden permanecer asociadas y constituir así un cúmulo abierto (fig. 28.1).

No se espera que los cúmulos abiertos duren eternamente. Debido a que están muy poco unidos, se disgregan con facilidad, ya sea por las interacciones entre las propias estrellas o por las órbitas que siguen a través y alrededor del disco galáctico. Más del 90 por ciento de los cúmulos abiertos tiene menos de 1000 millones de años, y el hecho de que veamos tan pocos cúmulos abiertos más antiguos, a los que quizá les falten ya sus estrellas

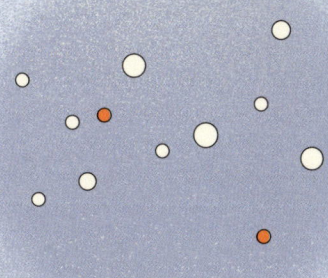

Cúmulo abierto

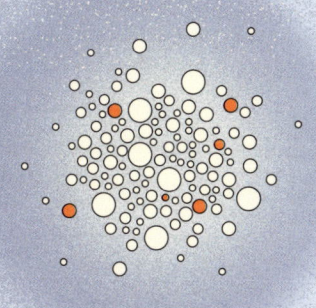

Cúmulo globular

FIG. 28.1	Los cúmulos abiertos son agrupaciones poco densas de estrellas jóvenes y no cabe esperar que sigan unidas durante más de mil millones de años. En cambio, los cúmulos globulares son antiguos, densos y contienen cientos de miles de estrellas.

más masivas, indica que estos sistemas deben de disolverse en escalas de tiempo de miles de millones de años. Los que sobreviven tienden a ser los sistemas inusualmente masivos, en los que, a pesar de haber perdido muchas de sus estrellas que ahora vagan por la Galaxia, aún quedan astros suficientes como para que el conjunto se distinga como un cúmulo.

Los cúmulos globulares, por el contrario, son algunos de los objetos más antiguos del universo. Mientras que los cúmulos abiertos suelen encontrarse cerca del disco de una galaxia con formación estelar, los

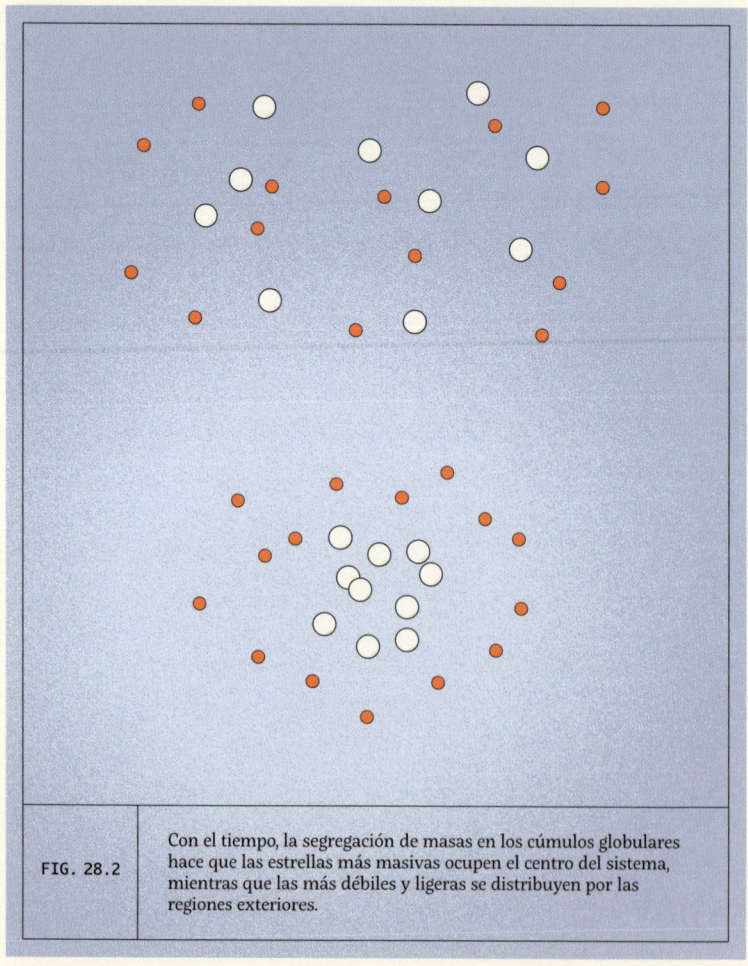

FIG. 28.2   Con el tiempo, la segregación de masas en los cúmulos globulares hace que las estrellas más masivas ocupen el centro del sistema, mientras que las más débiles y ligeras se distribuyen por las regiones exteriores.

globulares conforman un patrón aleatorio más esférico que rodea la galaxia. Los cúmulos globulares suelen ser mucho más masivos, a veces formados por millones de estrellas, pero carecen claramente de las jóvenes estrellas de luz azul que suelen dominar en los cúmulos abiertos. Los cúmulos globulares, como su nombre indica, suelen ser redondos, y el estudio de las órbitas de las estrellas que los componen revela que son verdaderos conjuntos esféricos de estrellas.

Aunque sabemos cómo se forma un cúmulo abierto, no tenemos un buen modelo de cómo aparece un cúmulo globular. Estas estructuras siguen siendo misteriosas en muchos sentidos. No obstante, hemos descubierto que son más complejas que los cúmulos abiertos en aspectos que van más allá del número de estrellas. Los cúmulos globulares también parecen estar compuestos por estrellas que se formaron en diferentes momentos, por lo que, en lugar de experimentar un único episodio de formación estelar a partir de una nube de gas, el cúmulo globular tiene que haber sido capaz de albergar más de una ronda de estrellas formándose a partir de nubes de gas y polvo. En cualquier caso, los globulares tal y como los vemos ahora suelen estar completamente desprovistos de gas. El que hubiera en ellos se consumió durante la formación de estrellas o ha sido barrido por el viento estelar de los astros que se formaron.

También están mucho más organizados que los cúmulos abiertos. Las estrellas dentro de un cúmulo globular tienden a seguir un patrón conocido como segregación de masas con el que las estrellas más masivas se han hundido hacia el centro del cúmulo y las menos masivas se han desplazado hacia el exterior. Esta organización rara vez se observa en los cúmulos abiertos. La segregación de masas requiere tiempo, y los cúmulos abiertos suelen dispersarse antes de que se produzca (fig. 28.2).

Como los cúmulos globulares son tan densos y están tan repletos de estrellas, la frontera entre un cúmulo globular y lo que podría considerarse una galaxia muy pequeña también es bastante difusa. A medida que avancen nuestros conocimientos, es posible que en el futuro podamos establecer una distinción más significativa o tal vez quede claro que una categoría es una extensión de la otra.

dentro de la estructura de las galaxias

Aprendemos sobre la estructura de las galaxias al observar variación de las estrellas en sus distintas regiones. Las diferencias en cuanto a edad, color y órbita de las estrellas sirven para subdividir una galaxia en diferentes partes. Hemos identificado el conjunto de componentes de los que parece estar formada la mayoría de las galaxias.

La primera estructura, y la más espectacular, es el disco de una galaxia espiral como la nuestra. En el disco se observa una mezcla de estrellas jóvenes y viejas, de manera que las más rojizas y antiguas constituyen el telón de fondo sobre el que se han formado, en tiempos más recientes, las estrellas más brillantes y azules. La gran mayoría de las estrellas de nuestra Galaxia se encuentran en un plano muy fino denominado *disco delgado*. Casi toda la formación estelar se produce en el disco delgado.

El disco delgado está envuelto por el *disco grueso*, una estructura menos poblada pero bastante destacada, donde las estrellas son mucho más viejas que la población del disco delgado. El disco grueso parece tener muy poco gas, por lo que en él se forma una cantidad relativamente baja de estrellas. Solo tiene alrededor del 12 por ciento de la densidad estelar del disco delgado y, sin embargo, el disco grueso constituye alrededor del 10 por ciento de la masa de una galaxia. Las órbitas de las estrellas del disco grueso las llevan por encima y por debajo del plano del disco delgado durante períodos de tiempo más largos. El disco grueso es unas 2.5 veces más grueso que el delgado, y puede haberse formado como resultado de una serie de pequeñas interacciones que perturbaron las estrellas del disco delgado o bien tras una gran interacción más antigua que perturbara el disco delgado del mismo modo (fig. 29.1).

En el centro de la Galaxia, como en el de la mayoría de las espirales, se encuentra el bulbo, un conjunto de estrellas generalmente más viejas y, por tanto, mucho más rojas que las del disco. Estas estrellas están mucho menos ordenadas que las del disco y se desplazan en órbitas aleatorias alrededor del centro de la Galaxia, lo que confiere al bulbo una forma un tanto esférica. Aunque en el bulbo hay estrellas jóvenes, estas son la excepción, y no la regla. El hecho de que estén ahí significa que la población de estrellas del bulbo es algo más joven que la del disco grueso.

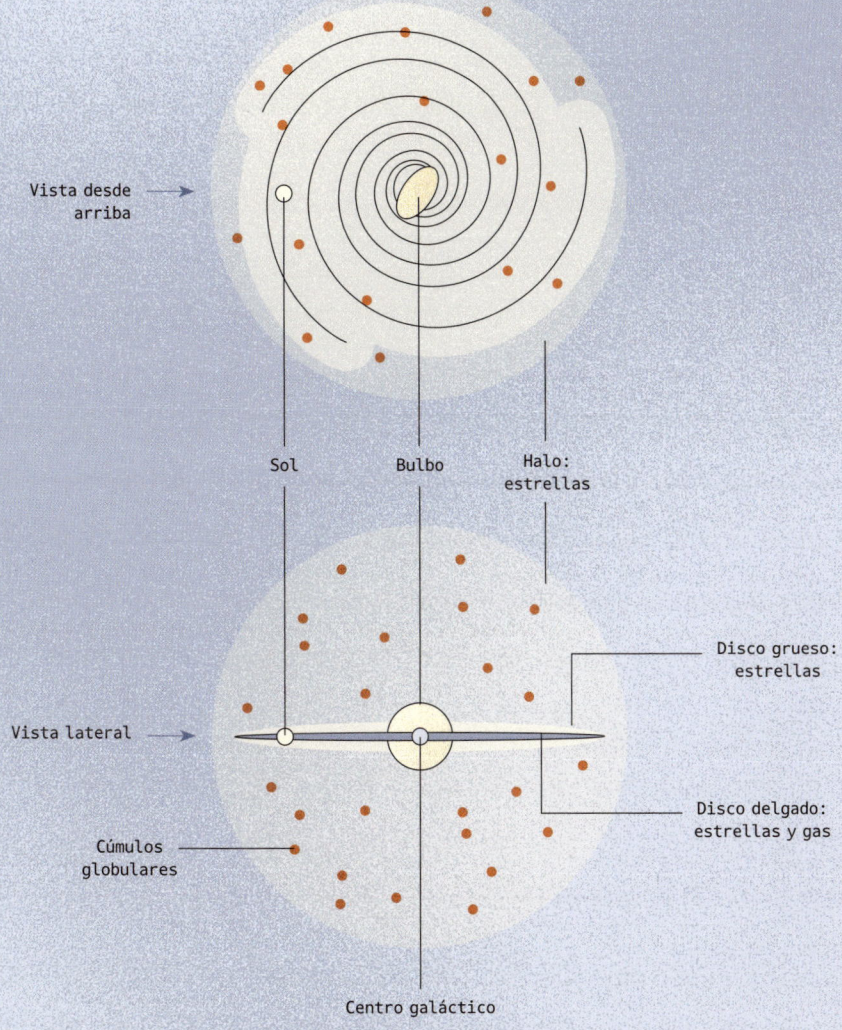

Vista desde
arriba →

Sol   Bulbo   Halo:
              estrellas

Vista lateral →

Disco grueso:
estrellas

Disco delgado:
estrellas y gas

Cúmulos
globulares

Centro galáctico

| FIG. 29.1 | La estructura de las galaxias espirales es la más compleja entre todos los tipos que existen, y puede constar de un disco de dos capas (discos delgado y grueso), un bulbo y un halo de estrellas. |

El halo, hecho de estrellas, rodea toda la parte densa de una galaxia espiral. Se trata de un conjunto mucho más grande, tenue y difuso que consta de estrellas muy viejas que recorren largas trayectorias alrededor de la galaxia. Algunas de estas estrellas son tan antiguas que pueden considerarse fósiles estelares: cápsulas del tiempo de una época anterior de la historia de la galaxia. Nuestro mejor modelo actual sobre la formación del halo en nuestra Galaxia es que constituye el remanente de muchas interacciones pasadas con otras galaxias, especialmente galaxias pequeñas. Cuando una galaxia más pequeña se nos acerca, las estrellas más alejadas del centro del sistema menor se apartan de su galaxia y quedan en órbita alrededor de la nuestra. Al principio, estos astros sustraídos parecen corrientes estelares, pero, si se les da el tiempo suficiente, las estrellas donadas se difunden hasta que, al final, envuelven la Galaxia como una tenue neblina. Este halo estelar tiene una forma aproximadamente esférica y está tan poco poblado que solo contiene alrededor del 1 por ciento de la masa de todo el sistema (fig. 29.2).

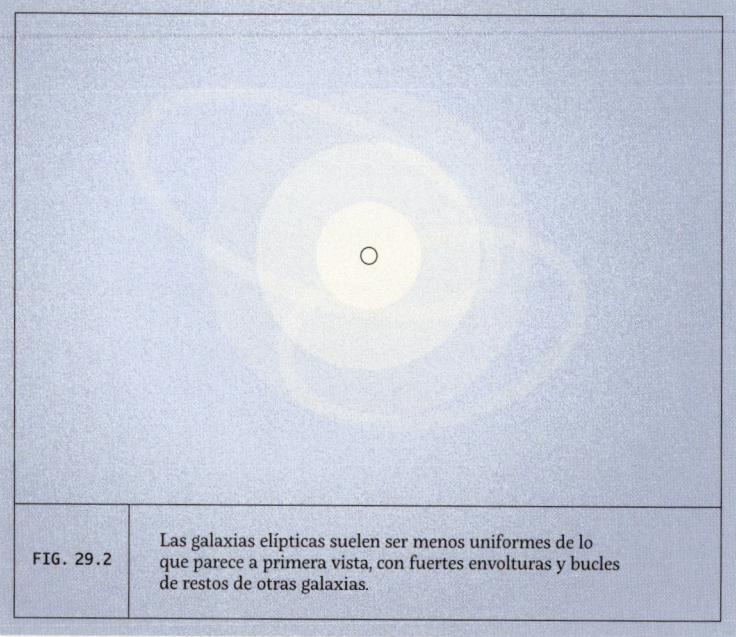

FIG. 29.2 Las galaxias elípticas suelen ser menos uniformes de lo que parece a primera vista, con fuertes envolturas y bucles de restos de otras galaxias.

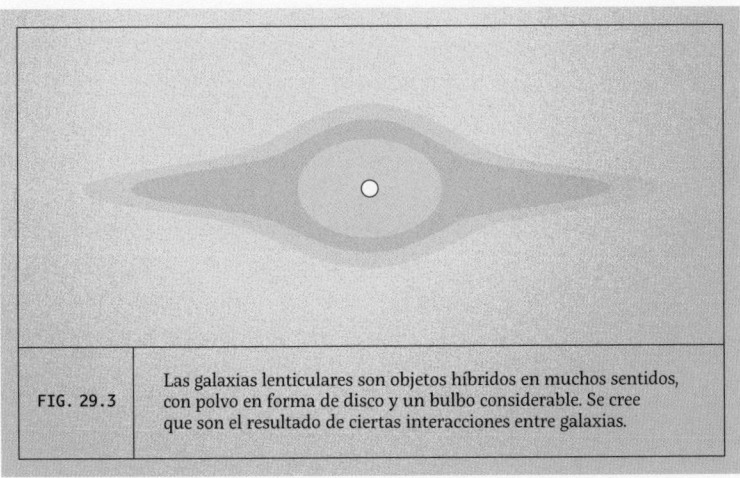

| FIG. 29.3 | Las galaxias lenticulares son objetos híbridos en muchos sentidos, con polvo en forma de disco y un bulbo considerable. Se cree que son el resultado de ciertas interacciones entre galaxias. |

En una galaxia determinada podemos encontrar muchas de estas estructuras, pero ninguna es obligatoria. A veces se identifican espirales sin un bulbo sustancial, lo que quizá indique que han llevado una existencia aislada, sin que nada perturbara las órbitas de sus estrellas. Aun así, las espirales suelen tener bulbos destacados, aunque no dominantes. En cambio, las elípticas suelen carecer de los dos posibles componentes del disco y están formadas en su totalidad por un bulbo y un halo. Cuando se observan con detenimiento, estas galaxias elípticas suelen mostrar los resultados de un gran número de interacciones previas con otras galaxias, con corrientes y caparazones de estrellas arrancadas de otras galaxias absorbidas hace tiempo por la elíptica. Pero estos rastros son los indicios de un pasado tumultuoso.

Entre las galaxias espirales y las elípticas existe una clase de galaxia llamada lenticular, que tiene una gran fracción de su masa de estrellas en el bulbo, pero cuenta con un disco. Las lenticulares suelen albergar bastante polvo, pero carecen de brazos espirales. Quizá representen transiciones inacabadas entre objetos espirales y elípticos. Es posible que una galaxia espiral haya visto su disco estelar transformado en un bulbo por culpa de un encuentro con alguna galaxia vecina, pero la colisión tal vez no fuera tan catastrófica como para destruir el disco por completo (fig. 29.3).

como trazadora de la materia oscura

En circunstancias normales, la órbita de cualquier objeto queda bien descrita por las leyes de Kepler, que establecen una relación entre la masa de los objetos que se orbitan entre sí y el tiempo que tardan en completar una vuelta. Y así, utilizando esta información, se puede inferir la masa de una estrella a partir de la órbita que sigue un planeta a su alrededor o la masa de un sistema estelar binario observando el tiempo que tardan sus dos componentes en orbitarse la una a la otra. Pero, en algunas circunstancias, las órbitas de las estrellas esconden un secreto.

Tenía sentido aplicar este método a la órbita que siguen las estrellas en torno al centro de las galaxias en las que residen. En lugar de verse afectada por la masa de objetos individuales, cada estrella que orbita en el seno de una galaxia depende del conjunto de toda la masa que queda contenida dentro de su órbita. Para simplificar, a menudo decimos que esto equivale a orbitar un único objeto ubicado en el centro de gravedad de la galaxia que tenga tanta masa como el total de las estrellas que quedan dentro, una suposición que es mucho más acertada de lo que podría parecer.

La velocidad con la que una estrella recorre su órbita depende de dos cosas: la cantidad de masa que hay dentro de la órbita y lo lejos que se encuentre esa estrella del centro de la galaxia. Para las estrellas que están cerca del centro de la galaxia, la órbita contiene una cantidad escasa de materia, por lo que la velocidad acabará siendo pequeña, aunque el centro esté cerca. A medida que la estrella se aleja del centro de la galaxia, la cantidad de masa dentro de la órbita crece, por lo que la velocidad también aumenta.

En algún momento, sin embargo, sería de esperar que nos quedemos sin galaxia. El componente luminoso de la galaxia se termina en la región donde empiezan a escasear las estrellas. Así que, a medida que nos adentramos en las regiones exteriores de una galaxia, sigue creciendo la distancia desde el centro pero ya no aumenta la cantidad de masa dentro de la órbita de una estrella. En ese caso, esperamos que la velocidad de la estrella disminuya (fig. 30.1).

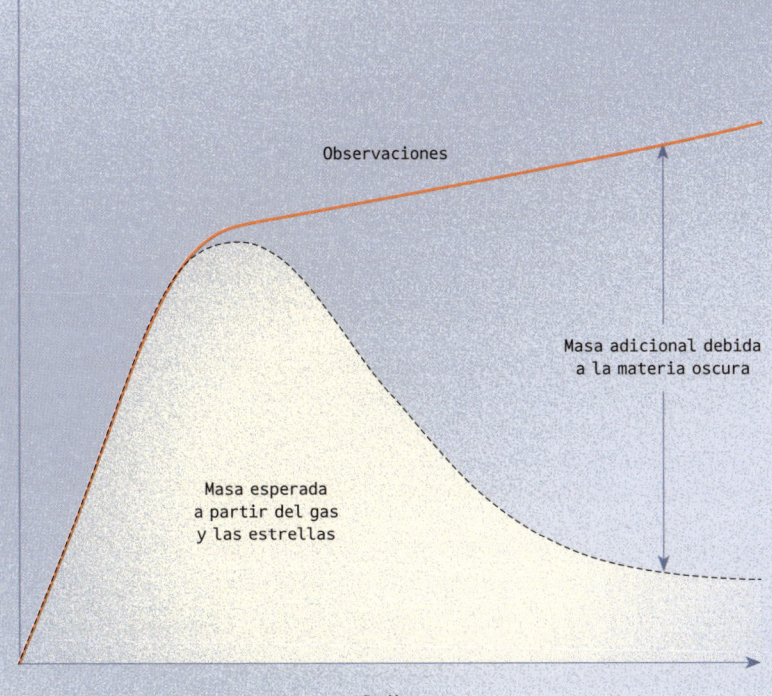

Velocidad de rotación (circular)

Observaciones

Masa adicional debida
a la materia oscura

Masa esperada
a partir del gas
y las estrellas

Radio

| FIG. 30.1 | El signo que indica que falta masa es que las estrellas mantienen velocidades elevadas mientras orbitan a distancias cada vez mayores. Esta discrepancia solo se resuelve si se admite que hay masa faltante. |

FIG. 30.2	El halo de materia oscura de una galaxia suele contener más masa que la perteneciente a los objetos que se detectan en ella, y se extiende más allá de las estrellas.

El primer conjunto de datos reales para comprobar si las estrellas se comportaban de este modo llegó en 1962 con Vera Rubin, quien determinó que, en el caso de nuestra propia Galaxia, las estrellas hacían algo totalmente distinto. Sus velocidades se mantenían estables en un valor elevado, en lugar de descender como cabría esperar si estuviéramos midiendo las velocidades de las estrellas más distantes y si la totalidad de la masa de la Galaxia quedara encerrada dentro de su órbita.

Esto supuso todo un rompecabezas, porque nuestra comprensión de la gravedad había funcionado bastante bien hasta ese momento. Así que, o bien nuestra teoría de la gravedad era incorrecta, lo que parecía improbable dadas todas las demás pruebas que había superado, o bien era incorrecto nuestro entendimiento de cómo se distribuye la masa en una galaxia. Para empezar a afinar dónde reside la masa de una galaxia, teníamos que ampliar nuestras consideraciones más allá de lo que era luminoso y visible, es decir, el gas, las estrellas y el polvo. Necesitábamos encontrar una fuente considerable de masa que llegara más allá del disco estelar de nuestra Galaxia, pero que fuera invisible para nuestros telescopios.

Fue una de las pruebas más sólidas de lo que ahora llamamos materia oscura, una forma de materia que no es luminosa, pero que se manifiesta por su influjo gravitatorio. Desde entonces, el descubrimiento de Vera Rubin se ha repetido en muchas otras galaxias, tanto cercanas como lejanas, y todas se comportan de la misma manera.

Las galaxias que perfilan las estrellas contenidas en ellas parecen incrustadas en un halo esférico que se extiende mucho más allá del disco estelar visible y que suele contener mucha más masa de la que puede explicarse tan solo a través de la que conforma las estrellas. Cuando se calcula la masa en términos gravitatorios y a partir de la luz de las estrellas, se obtienen dos valores diferentes para cualquier galaxia: una masa estelar, que da la cantidad de materia que cabría esperar a partir de sus objetos luminosos, y una masa dinámica, que computa la cantidad de masa trazada por las órbitas de sus estrellas. Esta es la masa que determina los movimientos de las estrellas (fig. 30.2).

La masa dinámica resulta casi siempre sustancialmente mayor que la estelar. La diferencia exacta varía un poco de una galaxia a otra pero, en general, el componente de materia oscura supera al componente luminoso. Se considera que la masa total de una galaxia está dominada por la materia oscura si tiene más de un 50 por ciento de materia oscura, y muchas galaxias arrojan valores incluso más extremos. Algunas tienen más del 80 por ciento de su masa en forma de materia oscura y solo el 20 por ciento de material detectable. Las estrellas, que solo son una pequeña fracción de la masa total de una galaxia, pusieron de manifiesto un componente oculto, pero aparentemente universal, de las galaxias.

como integrante de una galaxia enana

Las estrellas que hay dentro de las galaxias más pequeñas aportan nuevas pistas acerca de la estructura de las galaxias. Las galaxias espirales y elípticas son las más grandes del universo, pero, si miramos con atención en las proximidades de la nuestra, también encontramos objetos mucho más pequeños. La principal diferencia estriba en el número de estrellas que albergan en su interior.

Mientras que las galaxias masivas tienen cientos de miles de millones de estrellas, estos objetos más pequeños, conocidos como galaxias enanas, no suelen albergar más de unos pocos miles de millones de estrellas. Muchas de ellas se parecen a sus compañeras más masivas, como las galaxias elípticas enanas, que son pequeños análogos de las galaxias elípticas, o las galaxias irregulares enanas, que reproducen la naturaleza caótica de las galaxias irregulares masivas. También existe la categoría de las llamadas galaxias enanas ultradébiles, que tan solo cuentan con unas decenas de miles de estrellas y plantean un pequeño problema a la hora de trazar una línea de separación entre ellas y un cúmulo globular, que también puede contener esa cantidad de astros.

Los cúmulos globulares tienden a ser objetos más densos y antiguos que las galaxias enanas ultradébiles, pero esta no es una forma especialmente satisfactoria de diferenciar dos objetos que probablemente tuvieron caminos de formación totalmente distintos. La línea divisoria actual se basa en la existencia de materia oscura. Si el objeto está incrustado en un halo de materia oscura, es una galaxia. Si no hay materia oscura, es un cúmulo globular. Este criterio resulta muy adecuado, porque las galaxias enanas parecen ser algunos de los objetos más dominados por la materia oscura que jamás hayamos visto (fig. 31.1).

Como las galaxias enanas no son muy brillantes, debido a su escaso contenido de estrellas, la mayoría de objetos conocidos de esta categoría se encuentra en el entorno de nuestra Galaxia o de su vecina más próxima, Andrómeda. A distancias cada vez mayores, simplemente se vuelven demasiado difíciles de ver. Hasta ahora hemos identificado más de 50 galaxias enanas en nuestra pequeña región gravitatoria, lo que supera con creces el número de las tres galaxias masivas que contiene,

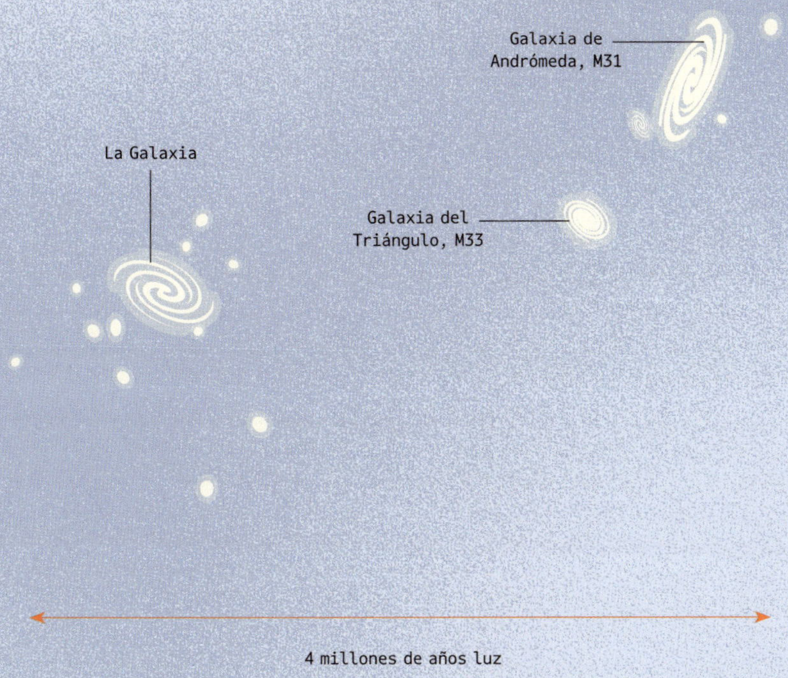

Galaxia de
Andrómeda, M31

La Galaxia

Galaxia del
Triángulo, M33

4 millones de años luz

FIG. 31.1	El Grupo Local está formado por tres galaxias grandes, pero el resto de sus miembros consiste en un conjunto de más de 50 galaxias enanas, dispersas alrededor de las galaxias masivas.

y se siguen descubriendo más galaxias débiles alrededor de la nuestra.
Cuanto más alejadas están estas galaxias enanas, menos información
tenemos sobre ellas. Esto significa que las que mejor conocemos son las
más cercanas a nosotros, en las que es posible resolver estrellas individuales,
lo que permite situarlas en el diagrama de Hertzsprung-Russell y conocer
así las historias y edades de estas estructuras a través de los astros que
las componen.

Estos diagramas indican que las galaxias enanas también tienen
historias complejas, y sus formas reflejan avatares diferentes. Las elípticas
enanas siguen siendo un reflejo de sus equivalentes más masivas. Aunque
a menudo muestran signos de episodios pretéritos de formación estelar,
han dejado atrás sus días de formación estelar y ya no contienen ninguna
estrella azul brillante, de vida corta. Al igual que las elípticas gigantes, las

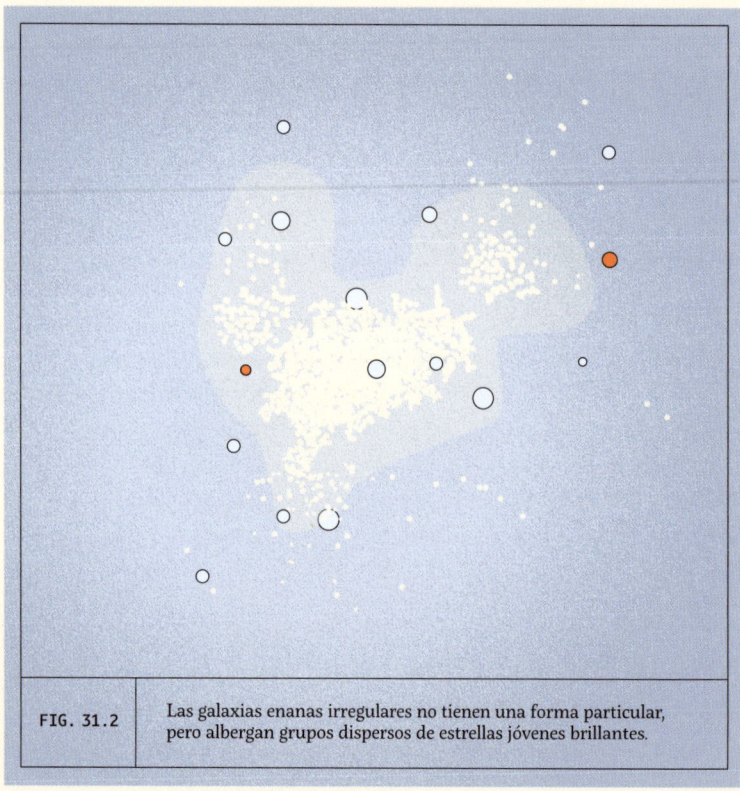

FIG. 31.2   Las galaxias enanas irregulares no tienen una forma particular,
pero albergan grupos dispersos de estrellas jóvenes brillantes.

elípticas enanas no tienen gas fácil de detectar, y las estrellas rojas que quedan en su seno orbitan el centro de la galaxia enana de la misma forma aleatoria, como si se tratara de un enjambre de abejas. Aunque es difícil estimar el contenido de materia oscura en una elíptica enana debido a esas órbitas caóticas, se puede afirmar que debe haber materia oscura, porque las estrellas se mueven más rápido de lo esperable en caso de no haberla (fig. 31.2).

Las galaxias irregulares enanas, por el contrario, parecen disponer de material suficiente (gas y polvo) para la aparición de estrellas, así que la formación estelar sigue activa en ellas y esto las torna más azules y jóvenes que las elípticas enanas. Algunas de estas galaxias han formado estrellas a un ritmo lento durante mucho tiempo, y otras parecen estar haciéndolo ahora de un modo más espectacular que en el pasado. Las irregulares, fieles a sus formas asimétricas, no muestran el tipo de giro coherente que cabe esperar de una galaxia espiral, por lo que estimar su contenido de materia oscura mediante el estudio de su curva de rotación es mucho más complicado que si sus movimientos internos fueran ordenados. Sin embargo, podemos utilizar los mismos métodos que para las elípticas enanas, y estos análisis muestran que las estrellas y el gas de las irregulares enanas también están incrustados en un halo de materia oscura mucho mayor.

En ocasiones, estas galaxias parecen verse muy afectadas por su cercanía a otra mucho más grande. Algunas de estas galaxias enanas muestran signos de haberse estirado debido a las fuerzas de marea ejercidas por sus compañeras masivas, y se sospecha que algunas de ellas fueron en su día mucho más grandes que ahora, ya que sus capas exteriores se perdieron en el halo estelar de la galaxia que orbitan. Puede que esto no ocurra en todas las galaxias enanas, pero el conjunto que podemos ver con claridad es, por definición, el que está cerca de nuestra Galaxia masiva, por lo que es inevitable que siempre veamos estos sistemas parcialmente perturbados.

LÁMINA 9

Una galaxia enana irregular translúcida

NGC 5477 es un caos de estrellas
y gas hidrógeno resplandeciente, pero
tiene una población estelar tan rala
que a través de ella se llega a ver hasta
el fulgor de galaxias lejanas.

por sus metales

Aunque sabemos que las estrellas están formadas en su inmensa mayoría de hidrógeno, suele haber pequeñas cantidades de otros elementos mezclados con él, y es mucho lo que podemos aprender a partir de estas trazas de elementos más pesados.

En astrofísica, todo elemento más pesado que el helio es un metal, lo que suele disgustar a los químicos. Dejando a un lado las denominaciones convencionales, esta división entre hidrógeno y helio y todo lo demás es sensata, porque todo lo que hay en el universo más pesado que el helio se formó en una estrella. Estos metales, una vez creados, se distribuyen de un modo muy energético por toda la Galaxia mediante explosiones de supernova (o a través de nebulosas planetarias). Gran parte de este gas devuelto al universo sigue siendo hidrógeno, ya que las capas externas de las estrellas masivas siguen siendo ricas en este elemento y son las primeras en volver a distribuirse por la Galaxia. Sin embargo, junto con el hidrógeno estarán mezclados los otros elementos más pesados que se formaron en las capas de fusión o en el frente de choque de la explosión de la supernova. Cuando se forme la siguiente tanda de estrellas en esa región de la Galaxia, lo hará a partir de una nube de gas enriquecida de antemano con metales procedentes de esa generación anterior de estrellas (fig. 32.1).

Este enriquecimiento metálico proporciona una nueva métrica especialmente útil para evaluar las edades relativas de las estrellas de una galaxia, sobre todo si se aplica a las estrellas de larga duración. Cada generación de formación estelar produce estrellas ligeras que, al tener una existencia muy dilatada, siguen en la secuencia principal durante espacios temporales muy prolongados. La ausencia de estrellas azules tal vez indique que no ha habido mucha formación estelar en esa zona «recientemente», pero no nos informa de cuántas explosiones de supernova ha habido. Los metales sí pueden hacerlo.

Las estrellas que se han formado hace poco tendrán una cantidad bastante elevada de metales en su interior, ya que el gas se ha reciclado durante más de 10 000 millones de años, entrando y saliendo de las estrellas a medida que estas explotaban, por lo que el contenido metálico de ese gas habrá aumentado con cada generación de estrellas masivas que estallaran como supernovas. Sin embargo, las estrellas formadas hace mucho tiempo deben tener menos metales en su atmósfera, lo

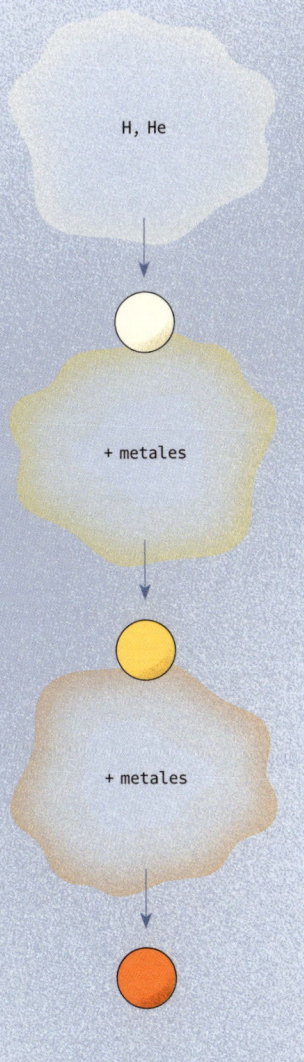

H, He

Estrellas de la población III,
formadas a partir de un gas
libre de metales.

+ metales

Estrellas de la población II,
formadas con los metales
producidos por las estrellas
de la población III.

+ metales

Estrellas de la población I,
las actuales, formadas hace
poco y con las metalicidades
más elevadas.

FIG. 32.1	Los metales que vemos hoy en las estrellas se han ido acumulando en sucesivas generaciones de estrellas que han surgido y desaparecido a lo largo del tiempo cósmico.

que refleja que las precedió un número menor de generaciones estelares. Si conseguimos medir la proporción de metales en una estrella (lo que se conoce como metalicidad), entonces podemos ordenar las estrellas según el tiempo que hace que se formaron, incluso aunque todas sean del mismo color (fig. 32.2).

A grandes rasgos, podemos clasificar las estrellas en tres poblaciones de acuerdo con su metalicidad. Las de la población I son las que se están formando en el universo actual. Se trata de estrellas ricas en metales, pues los contienen en cantidades que van desde algo menos que el Sol hasta varias veces más. Cabría esperar encontrarlas en las regiones activas de formación estelar de nuestra Galaxia y de otras galaxias. Se encuentran sobre todo en los discos delgados de las galaxias espirales. Las estrellas de la población II son mucho menos ricas en metales

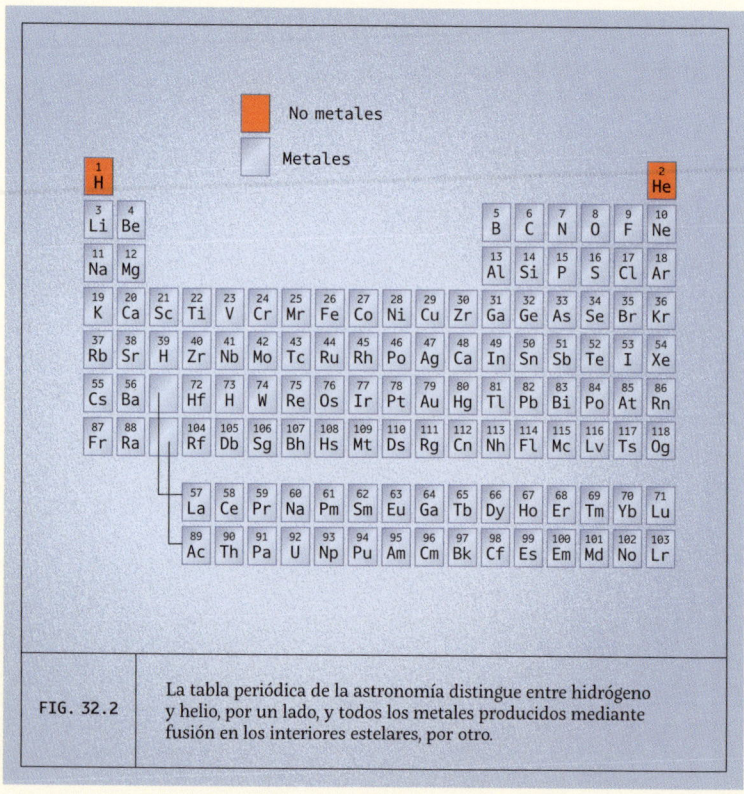

FIG. 32.2   La tabla periódica de la astronomía distingue entre hidrógeno y helio, por un lado, y todos los metales producidos mediante fusión en los interiores estelares, por otro.

que las de la población I y pertenecen a generaciones estelares mucho más antiguas. Los cúmulos globulares suelen ser un buen reservorio de estas y, de hecho, su baja metalicidad es una de las pruebas de su antigüedad. La división de las estrellas entre las poblaciones I y II resulta útil para conocer la estructura de las galaxias, ya que las diversas partes que las conforman revelan metalicidades diferentes, y esto brinda información sobre las edades de estas estructuras.

Sin embargo, incluso las estrellas de la población II tienen cierta cantidad de metales en sus atmósferas, por lo que debería haber existido una generación de estrellas anterior a la formación de la población II, por muy antigua que esta sea. Hasta ahora no se ha encontrado ninguna de estas primeras estrellas, pero se les ha dado el nombre de población III mientras se efectúa la búsqueda. En principio, las estrellas de la población III no deberían contener metales, ya que nuestros modelos del universo no incluyen ninguna forma de producir hierro que no sea a través de una estrella. Y si las estrellas de la población III se formaron igual que las actuales, cabría esperar que todavía hubiera algunas de baja masa deambulando por la Galaxia, restos del universo más primitivo. Sin embargo, a pesar de que se ha buscado bastante, nunca se ha detectado ninguna candidata probable. Esta falta de estrellas antiguas sin metales constituye un enigma, por lo que hay quien sospecha que quizá las estrellas de la población III no se formaron como las estrellas actuales. Una posibilidad es que la primera generación de estrellas consistiera tan solo en astros masivos de vida corta. Si así fuera, entonces no esperaríamos ver ninguna estrella de vida larga, por tanto de masa baja, de esta primera generación. Esto permitiría explicar de qué manera se produjeron metales suficientes como para que las estrellas de la población II se formaran tal y como las vemos ahora, así como el hecho de que no logremos detectar la primera generación estelar en nuestro entorno galáctico.

como prueba de un agujero negro masivo

También podemos observar cómo las estrellas trazan el campo gravitatorio, invisible de otro modo, de un agujero negro masivo. Los agujeros negros aislados son extremadamente difíciles de detectar. La forma más rápida y sencilla de dar con ellos consiste en observar el material sobrecalentado en un disco de acreción. Pero hay muchos casos en los que ese material no está presente, y el agujero negro desaparece de la vista. Entonces, si el agujero negro es lo bastante pequeño, es posible que lo pasemos por alto sin más. Pero, si tiene masa suficiente, lo podemos detectar por otros métodos.

Se cree que en el centro de cada galaxia hay un agujero negro formidable, millones de veces más masivo que nuestro Sol. En el caso de la Galaxia, este agujero negro recibe el nombre de Sagitario A* (pronunciado «Sagitario-A-estrella»). Esta es la clase de los agujeros negros supermasivos, que hay que diferenciar de los agujeros negros de masa estelar formados tras el estallido como supernova de una estrella masiva. El agujero negro que hay en el centro de nuestra Galaxia parece tener una masa 4.3 millones de veces superior a la del Sol contenida en un volumen equivalente a la órbita de Mercurio.

En los últimos años hemos obtenido muchas pruebas de que este objeto es realmente un agujero negro supermasivo, incluida la fantástica imagen de Sagitario A* que logró el Event Horizon Telescope en 2022 y que mostró por primera vez una vista directa de la sombra del agujero negro. Pero antes de 2022 contábamos ya con otra serie de indicios que apuntaban a la realidad de ese agujero negro, procedente del esfuerzo y el trabajo durante varias décadas de dos equipos independientes que cartografiaron con sumo cuidado las órbitas de las estrellas más cercanas al centro galáctico (fig. 33.1).

Hay una estrella en particular que ha resultado excepcionalmente útil para este trabajo, llamada S2, que completa una órbita cada dieciséis años. Los científicos la han cartografiado durante más de una órbita completa. Para orbitar tan rápido, tiene que tener un objeto compañero extremadamente masivo, pero no hay nada que brille en la órbita de S2. La ausencia de un cuerpo brillante en ese lugar fue el primer indicio de que podría haber un agujero negro. El segundo indicio lo aportó la estimación de la masa del objeto. Basándose únicamente en las órbitas, los estudios predijeron

Las órbitas de las estrellas en el entorno inmediato del agujero negro que hay en el centro de nuestra Galaxia aportaron una de las primeras pruebas convincentes de que en su núcleo acecha un agujero negro supermasivo.

que el objeto invisible tendría que contener unos 4.3 millones de masas solares, mucho más de lo que podría albergar un único objeto luminoso.

Como última pieza de este rompecabezas, en 2018 S2 efectuó su paso más cercano junto al objeto masivo alrededor del cual orbita, a solo 120 au (1 au es la distancia entre la Tierra y nuestro Sol) del invisible peso pesado gravitatorio. Pasó zumbando, con una velocidad tremenda: 7650 km/s, o unos 28 millones de km/h. Con esa velocidad, se le daría una vuelta completa a la Tierra en cinco segundos y cuarto. Si el objeto estuviera hecho del mismo material que los residuos estelares más densos, debería ocupar un volumen tal que S2 tendría que haber chocado contra él, pero,

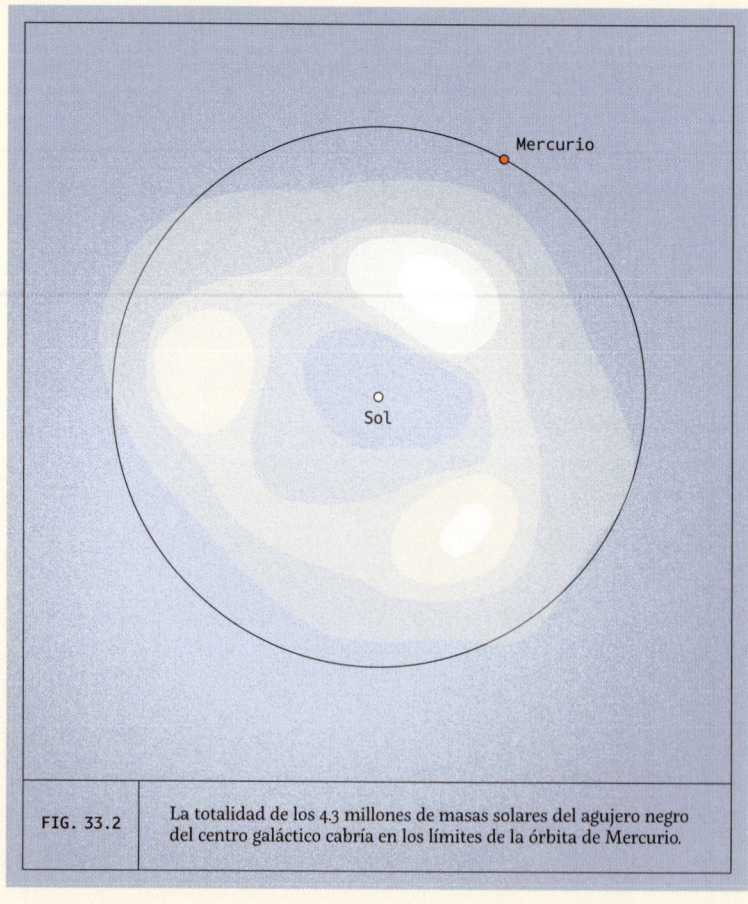

FIG. 33.2   La totalidad de los 4.3 millones de masas solares del agujero negro del centro galáctico cabría en los límites de la órbita de Mercurio.

en lugar de eso, continuó imperturbable. La explicación más sencilla para un objeto tan masivo, tan densamente empaquetado y orbitado a una velocidad tan elevada por S2, es la de un agujero negro supermasivo. Con la obtención de la imagen del agujero negro en 2022 se disiparon todas las dudas que quedaban (fig. 33.2).

Recientemente se ha aplicado un método similar en busca de agujeros negros en otro lugar, utilizando una línea de base de veinte años de datos tomados para otros fines por el telescopio espacial Hubble. El insólito objeto Omega Centauri se encuentra en la frontera entre galaxia enana y cúmulo globular, pero su examen minucioso ha ofrecido una posible solución a esta dificultad de clasificación. Omega Centauri podría consistir en los restos de una galaxia mucho mayor que ya lo ha perdido todo en el espacio, salvo el núcleo concentrado. Esto ha dejado un objeto con la densidad de un cúmulo globular (como, de hecho, se clasificó cuando se descubrió por primera vez), pero con demasiada masa como para casar bien con el resto de los cúmulos de este tipo. Observaciones recientes sugerían que también podría tener un agujero negro en el centro, utilizando el mismo tipo de rastreo estelar que reveló el agujero negro del centro galáctico. De confirmarse, la masa de este agujero negro se situaría entre la de un agujero negro supermasivo similar al de la Galaxia y la de un agujero negro de masa estelar. Es lo que se denomina un agujero negro de masa intermedia, y hasta ahora ha sido difícil encontrar pruebas de la existencia de alguno de ellos. Sin embargo, el rastreo de un conjunto de estrellas en el centro de Omega Centauri puso de manifiesto que se movían demasiado deprisa para estar ligadas gravitatoriamente al cúmulo, a no ser que hubiera presente un agujero negro con al menos 8200 veces la masa del Sol, y quizá hasta 40 000 masas solares.

como indicador de distancias

Las estrellas también sirven para marcar la distancia que media entre nosotros y ellas. Hay unas estrellas variables particulares que hoy se conocen como cefeidas clásicas, porque una de las primeras variables de esa categoría se encontró en la constelación de Cefeo. Estas estrellas, que por lo general son más masivas que nuestro Sol, presentan, de forma regular y repetida, pulsaciones de brillo que siguen un patrón característico de aumento brusco y descenso más lento, que reflejan un cambio físico de tamaño.

Entre 1908 y 1912, la astrónoma Henrietta Swan Leavitt publicó dos trabajos en los que analizaba las variables cefeidas detectadas en una de las galaxias pequeñas compañeras de la nuestra, la Nube Menor de Magallanes. En el primer artículo explicaba la identificación de 1777 de estas estrellas, y en el segundo publicó lo que ahora se conoce como la ley de Leavitt: que existe una clara relación entre el período de tiempo transcurrido entre los pulsos brillantes de una cefeida y el brillo intrínseco de la estrella.

Todas las estrellas de la Nube Menor de Magallanes están aproximadamente a la misma distancia de la Tierra, ya que todas se encuentran en el seno del mismo objeto. Por tanto, si se aprecia una relación entre el brillo aparente de las cefeidas y la frecuencia de su parpadeo, esto implica que pueden convertirse en patrones de luminosidad en el universo. Sirve como patrón de luminosidad cualquier objeto del que se conozca el brillo intrínseco que posee. Al comparar el brillo intrínseco con el brillo aparente que realmente muestra en el cielo, se deduce a qué distancia se encuentra (fig. 34.1).

Los objetos más lejanos se muestran siempre más débiles vistos desde la Tierra, y existe una relación directa entre la distancia de un objeto y el debilitamiento de su brillo aparente. Al duplicar la distancia, cualquier objeto parece cuatro veces más débil. Si se triplica la distancia, el objeto será nueve veces más débil. Si cuadruplicamos la distancia, se verá dieciséis veces más débil en el cielo. Con una sola imagen, puede resultar difícil distinguir entre una estrella intrínsecamente débil y otra que simplemente está más lejos. Pero en el caso de las estrellas variables cefeidas se dispone de un dato adicional: cuánto tiempo pasa entre los picos de brillo.

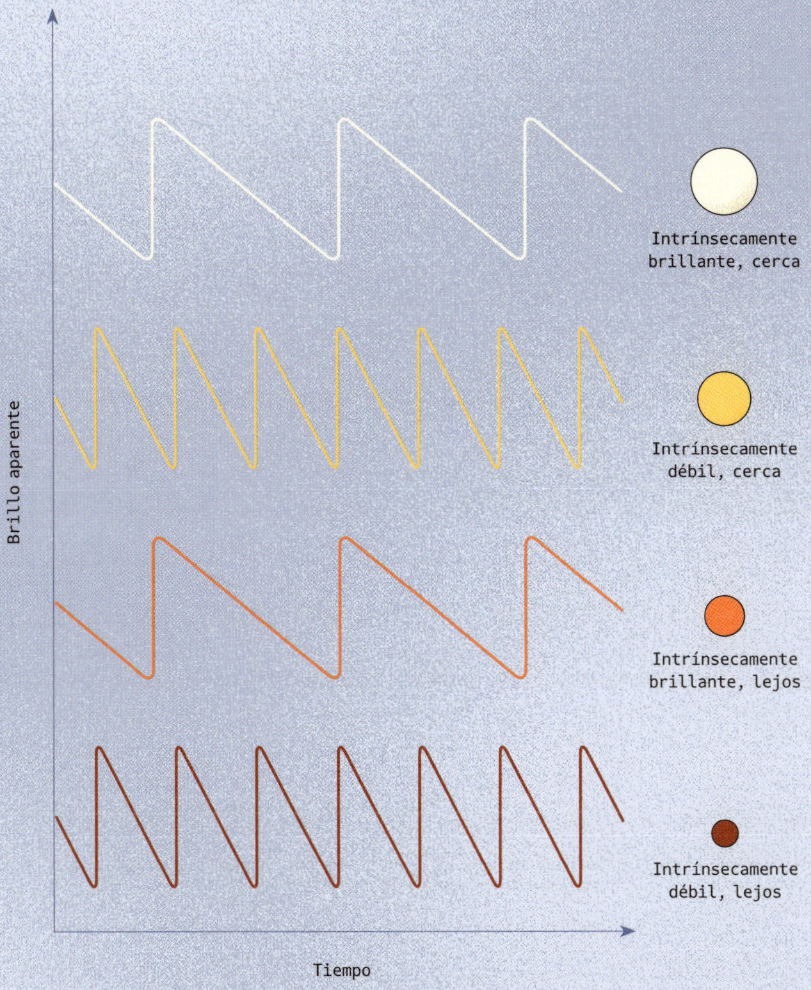

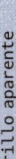

Brillo aparente

Tiempo

Intrínsecamente
brillante, cerca

Intrínsecamente
débil, cerca

Intrínsecamente
brillante, lejos

Intrínsecamente
débil, lejos

| FIG. 34.1 | La curva típica de dientes de sierra de una estrella variable cefeida tiene los máximos más espaciados cuanto más brillo intrínseco posea el astro, lo que permite medir la distancia de estrellas lejanas. |

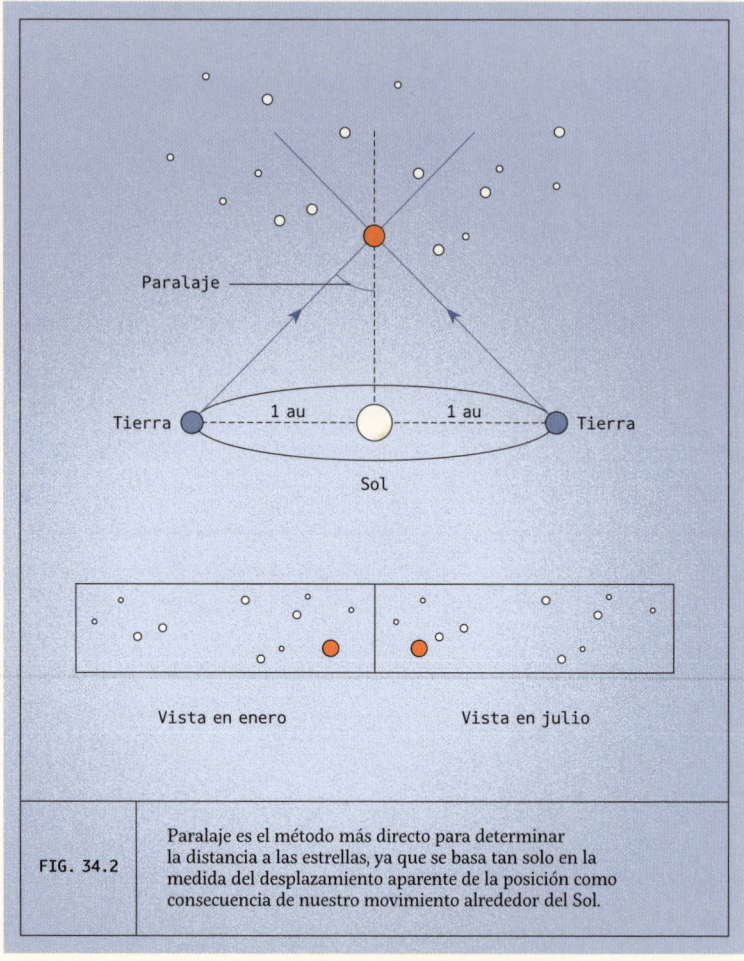

Paralaje

Tierra ———— 1 au ———— 1 au ———— Tierra

Sol

Vista en enero   Vista en julio

FIG. 34.2 — Paralaje es el método más directo para determinar la distancia a las estrellas, ya que se basa tan solo en la medida del desplazamiento aparente de la posición como consecuencia de nuestro movimiento alrededor del Sol.

Lo que descubrió Henrietta Swan Leavitt fue que las cefeidas más brillantes tenían los períodos más largos. Y esto significaba que, si podía observar el parpadeo de una cefeida, sabía si debía ser intrínsecamente débil o brillante. Al comparar luego con el brillo o la debilidad aparentes, se podría calcular la distancia relativa.

Para traducir esto en distancias absolutas, en lugar de solo relativas, hace falta determinar el período de una cefeida que esté lo bastante cerca de la Tierra como para medir su distancia de una manera diferente: a través de la paralaje, el fenómeno que observamos cuando nos desplazamos con rapidez (por ejemplo, en coche o en tren), y los objetos cercanos a nosotros parecen pasar mucho más deprisa que los objetos lejanos, que parecen estacionarios. Para hacer esto con las estrellas, tenemos que desplazarnos lo máximo posible para poder observar si las estrellas más cercanas se han movido con respecto a las estrellas situadas más lejos, que se mostrarán tan estacionarias como una cadena montañosa de fondo. Para movernos lo más lejos posible desde la Tierra, basta con esperar seis meses a que nuestro planeta recorra la mitad de la órbita que sigue alrededor del Sol. Como conocemos muy bien la distancia que separa la Tierra del Sol, sabemos exactamente qué distancia recorremos con ese movimiento en medio año. Con esa información podemos construir un triángulo gigante y delgado utilizando el ángulo que describe el movimiento aparente de la estrella en el cielo, y así obtener una medida limpia de la distancia a esa estrella (el lado largo de nuestro triángulo). Aun así, se necesitan instrumentos muy sensibles. El satélite Hipparcos, que estuvo en órbita alrededor de la Tierra de 1989 a 1993, fue la primera misión espacial que llevó a cabo esta tarea, y registró las distancias a unas 640 000 estrellas. El satélite Gaia lo ha superado, obteniendo distancias para 1700 millones de estrellas, pero utiliza exactamente el mismo principio (fig. 34.2).

Si podemos obtener la paralaje de algunas estrellas variables cefeidas, entonces tendremos una medida directa de la distancia, y una medida del brillo aparente, y podremos relacionarlo todo con el tiempo que la cefeida tarda en parpadear. Y, en efecto, podemos medir las distancias a diversas estrellas variables cefeidas dentro de la Galaxia utilizando la paralaje. De hecho, la tercera emisión de datos de Gaia contiene 15 000 de estas variables. Esto es todo lo que se necesita. Una vez que disponemos de esas referencias, podemos medir las distancias a estrellas situadas mucho más allá de donde podemos utilizar el método de la paralaje, midiendo, en su lugar, el tiempo que tardan en parpadear. Gracias a una cefeida pudimos demostrar que Andrómeda no forma parte de la Galaxia, sino que se encuentra a millones de años luz.

en el mediodía cósmico

Cuando observamos las galaxias fijándonos en sus estrellas, las vemos en un momento concreto en el tiempo: en el instante del pasado en que la luz de las estrellas salió de allí y comenzó a recorrer las enormes distancias que nos separan de ellas para llegar hasta la Tierra. Para cualquier galaxia exterior a la nuestra, este tiempo de viaje será de millones de años, y las galaxias más lejanas se nos muestran tal como eran miles de millones de años atrás, cuando las estrellas emitieron su luz.

Podemos aprender mucho sobre las galaxias simplemente comparando las que se encuentran a diferentes distancias, pero a veces es necesario un enfoque más profundo. En esos casos podríamos tomar una galaxia cercana a nosotros e intentar desentrañar lo que pudo ocurrir durante los miles de millones de años previos a que su luz llegara hasta nosotros, para así reconstruir la historia de esa galaxia. Normalmente, esto significa seguir la historia de la formación estelar de una galaxia o una cronología de cuándo la galaxia formó las estrellas que vemos. Esto nos permite ir más allá de un simple mapa de las estrellas que existen actualmente en esa galaxia y crear un modelo de cómo podría haber sido ese objeto en el pasado. Esto, a su vez, permite desentrañar cómo se ensamblaron las galaxias en las estructuras que vemos hoy, y así conocer cómo acumularon su masa en estrellas (fig. 35.1).

Nuestra Galaxia es uno de los sistemas para los que más fácil resulta acometer esta tarea, ya que disponemos de una visión más detallada de las estrellas que la componen. Para averiguar cuándo se formaron las estrellas de la Galaxia, algunos estudios recurren a sondeos para identificar las estrellas que están experimentando la fusión del hidrógeno en capa tras su salida de la secuencia principal. Estas estrellas son especialmente útiles para construir una cronología de los acontecimientos, ya que los modelos permiten utilizar su brillo para determinar una edad. Dado que el período de fusión del hidrógeno en capa es relativamente breve, los modelos pueden determinar con bastante precisión cuánto tiempo hace que se formó la estrella.

En esta fase habrá estrellas de todas las edades. Las estrellas más masivas serán bastante jóvenes, pero también hay estrellas antiguas de baja masa que pueden encontrarse ahora en este período evolutivo. Estas estrellas envejecidas habrán tardado mucho más en llegar a la fase de

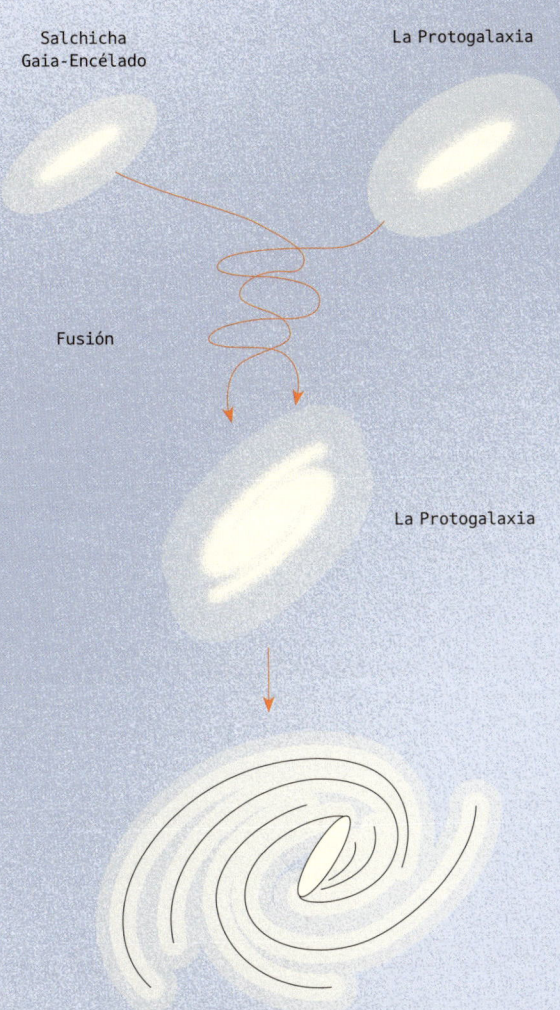

Salchicha
Gaia-Encélado

La Protogalaxia

Fusión

La Protogalaxia

La Galaxia hoy

FIG. 35.1	La Galaxia parece haber experimentado un episodio brusco de formación estelar hace unos 11 000 millones de años, posiblemente provocado por un encuentro con otra galaxia.

fusión del hidrógeno en capa porque pasan bastante más tiempo dentro de la secuencia principal.

Un estudio ha descubierto que nuestra Galaxia debió de formar un gran número de sus estrellas mucho tiempo atrás: hace unos 11 000 millones de años. El disco grueso de la Galaxia, que alberga estrellas más antiguas que el disco fino, comenzó a formarse hace unos 13 000 millones de años, y la mayoría de sus estrellas surgieron durante un estallido de formación hace unos 11 000 millones de años. La formación estelar disminuyó de forma progresiva hasta hace unos 8000 millones de años, cuando dejaron

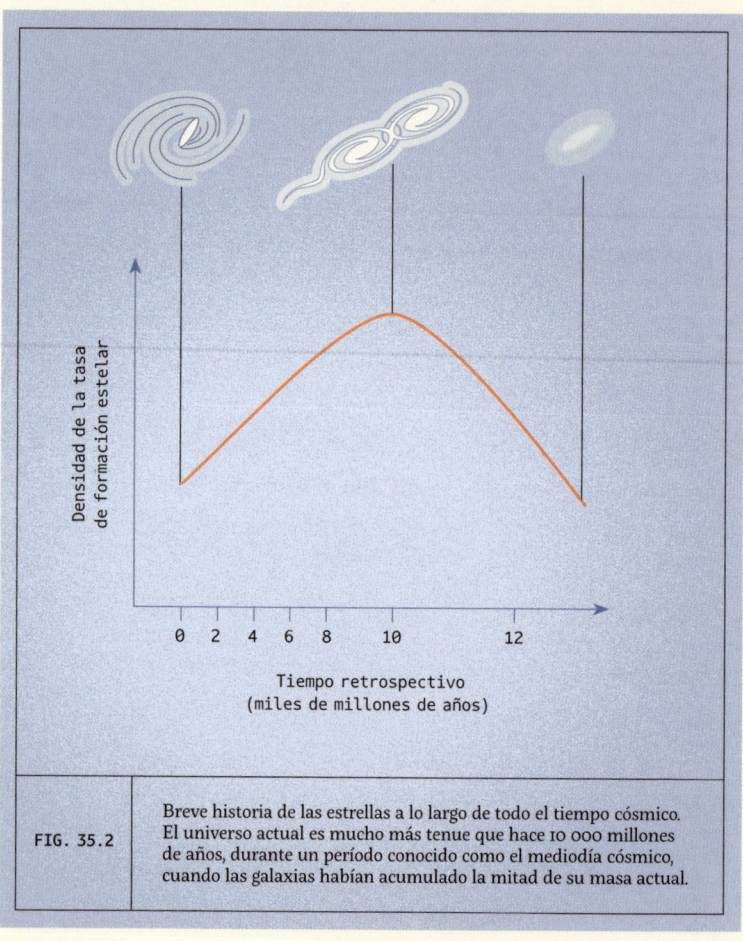

| FIG. 35.2 | Breve historia de las estrellas a lo largo de todo el tiempo cósmico. El universo actual es mucho más tenue que hace 10 000 millones de años, durante un período conocido como el mediodía cósmico, cuando las galaxias habían acumulado la mitad de su masa actual. |

de formarse estrellas en el disco grueso. Este final de la formación estelar concuerda con el color bastante más rojizo y envejecido que vemos en este componente galáctico en la actualidad. Se cree que la enorme intensidad de la formación estelar de hace 11 000 millones de años se corresponde con una interacción antigua que debió de tener nuestra Galaxia al principio de su existencia.

Un censo más amplio de otras galaxias revela que la nuestra no es la única que experimentó un brote temprano de formación estelar. Nuestra Galaxia quizá sea un poco precoz en comparación con la media, pero, en general, la formación estelar en las galaxias fue más vigorosa hace 10 000 millones de años, durante una época denominada *mediodía cósmico*. En aquel tiempo, las galaxias normales resplandecían con intensidad gracias a las estrellas azules y calientes que nacían de nubes masivas de gas. Estas estrellas azules brillan intensamente en el ultravioleta, y los telescopios espaciales capaces de detectar en detalle la débil luz que brilla a través de las distancias cósmicas han logrado captar la luz emitida por estas estrellas a lo largo de muchas eras. A medida que nuestros telescopios mejoran y que aumenta nuestra capacidad para captar la luz de galaxias cada vez más lejanas, también ha crecido nuestra comprensión. El mediodía cósmico fue la época más brillante del universo (fig. 35.2).

Estas estrellas, tan brillantes durante un cierto tiempo, habrían ido acompañadas de la formación de innumerables estrellas más pequeñas y rojas, cuya existencia continúa hasta nuestros días. Estas estrellas similares al Sol (y más débiles) son las que de verdad conformaron la masa de las galaxias. Se calcula que tal vez la mitad de la masa de una galaxia, tal como la vemos hoy, se podría haber acumulado en el transcurso de solo 3500 millones de años, en un proceso que comenzó hace unos 11 500 millones de años y que prosiguió hasta hace unos 8000 millones de años, cerca del mismo período de tiempo en el que el disco grueso de nuestra Galaxia estaba formando sus propias estrellas.

en colisiones de galaxias

Las situaciones extremas son también un divertido banco de pruebas para la formación estelar. La mayor parte del tiempo, las galaxias viven en relativo aislamiento, y lo que ocurre en el seno de una galaxia es producto de las interacciones entre las masas de gas, polvo y estrellas que existen en su interior. Sin embargo, se cree que la mayoría de las galaxias ha atravesado períodos en los que esto no era así. En esos episodios han pasado tan cerca de otras galaxias que su comportamiento dejó de estar controlado tan solo por mecanismos internos.

Si colocamos dos galaxias lo bastante cerca una de otra, cada una experimentará de manera asimétrica la atracción gravitatoria de la otra. Esto tiene el efecto de desestabilizar, a través de las fuerzas gravitatorias de marea, una estructura que antes permanecía tranquila. Las galaxias, a diferencia de los objetos más pequeños, no tienen una integridad estructural concreta. Cada estrella es un objeto distinto que flota libre, y la galaxia está formada simplemente por un gran número de objetos controlados por su gravedad colectiva.

Como resultado, es bastante fácil estirar una galaxia. La órbita de cualquier estrella responde a la distribución de la masa a su alrededor. Si cambiamos esa distribución introduciendo en la ecuación una galaxia adicional, alteraremos la órbita de la estrella. Si solo tuviéramos dos galaxias una junto a la otra, las estrellas de los lados cercanos se estirarían, pero la situación es más compleja, porque ambas galaxias se mueven. Esto significa que la perturbación gravitatoria de cada galaxia cambia con el paso del tiempo, y la forma en que orbitan las estrellas se ve continuamente alterada.

Cuando las masas de las dos galaxias están más próximas y la gravedad es más fuerte entre ambas, es habitual que se formen brazos de marea que se separan por los lados próximo y lejano de cada galaxia porque salen lanzados hacia el exterior en respuesta al paso cercano de la galaxia compañera (fig. 36.1).

Si las galaxias que se fusionan son espirales, el zarandeo hace algo más que agitar las órbitas de sus estrellas. Las nubes de gas también se ven perturbadas por la oleada gravitatoria y, a diferencia de una estrella, el gas dentro de una nube puede colisionar consigo mismo. En consecuencia, el gas de la galaxia tiende a desplazarse ligeramente hacia el interior, y la

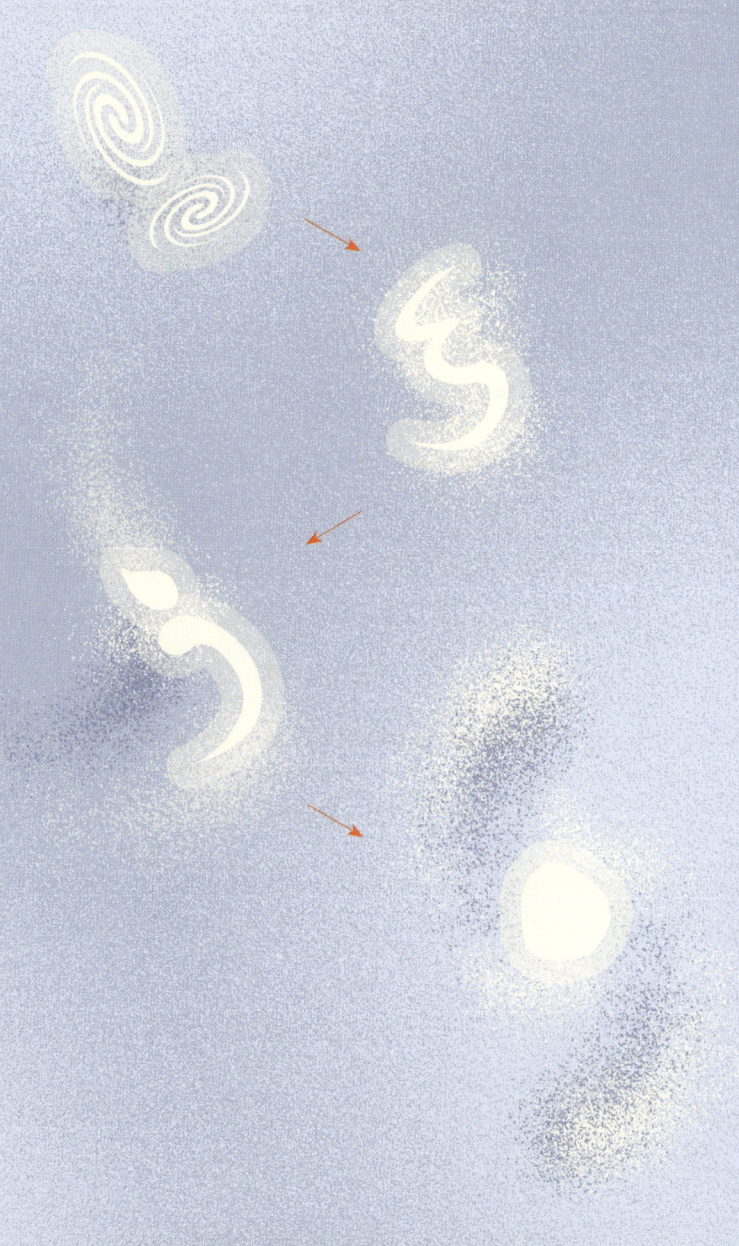

FIG. 36.1 | La fusión de dos galaxias es una manera rápida y eficaz de que las galaxias incrementen su masa, y tiene el efecto secundario de alterar las órbitas estelares y formar muchas estrellas nuevas.

región central de la galaxia se llenará con suficiente gas entrante como para conformar una rica reserva de gas denso, ideal para la formación de un gran número de estrellas nuevas. Como resultado, la galaxia se enciende en su región central: aparecen estrellas azules brillantes.

El número de estrellas que surgen en estos episodios de formación estelar eruptiva depende de lo violenta que sea la interacción entre las dos galaxias. Cualquier circunstancia que refuerce la perturbación gravitatoria aportará potencia a la formación estelar, por lo que es habitual que se formen más estrellas cuanto más lleguen a acercarse las galaxias.

Es posible que las galaxias se aproximen una sola vez y se muevan tan rápido que pasen una junto a la otra y se alejen sin volver a encontrarse más. Se trata de los llamados «sobrevuelos» y, aunque pueden provocar cambios en las órbitas de las estrellas y causar un episodio de formación estelar, no son tan espectaculares como lo que ocurre cuando las galaxias llevan velocidades relativas más lentas (fig. 36.2).

En esos casos, las galaxias quedan atrapadas gravitatoriamente. Tras cruzarse, tejerán un intrincado camino una alrededor de la otra, pero están gravitatoriamente condenadas a caer juntas y formar un objeto único, si se les da el tiempo suficiente. El «tiempo suficiente» en estos casos suele significar varios miles de millones de años, pero algunas galaxias siguen caminos más directos hacia la fusión. En estos procesos de fusión

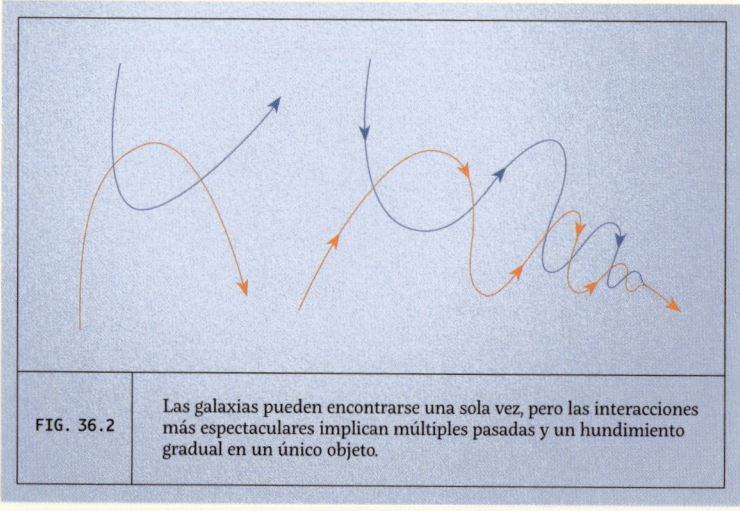

FIG. 36.2   Las galaxias pueden encontrarse una sola vez, pero las interacciones más espectaculares implican múltiples pasadas y un hundimiento gradual en un único objeto.

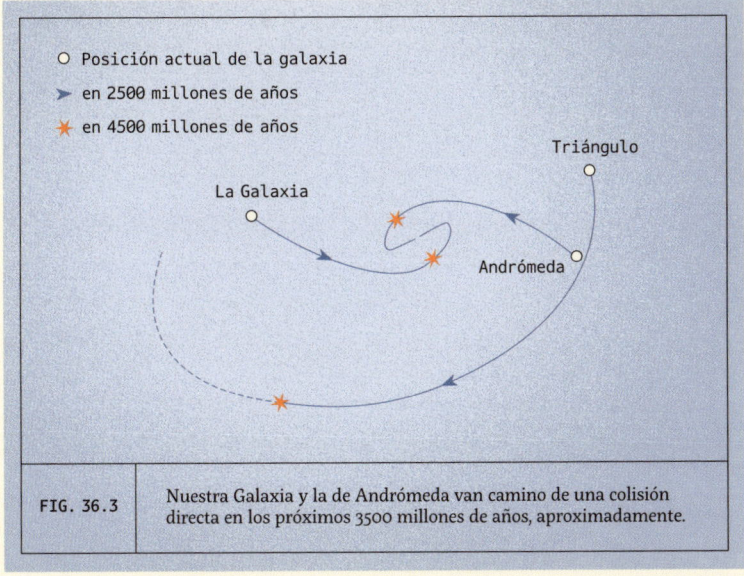

○ Posición actual de la galaxia
➤ en 2500 millones de años
✳ en 4500 millones de años

Triángulo

La Galaxia

Andrómeda

FIG. 36.3	Nuestra Galaxia y la de Andrómeda van camino de una colisión directa en los próximos 3500 millones de años, aproximadamente.

hasta conformar un objeto único, a veces podemos ver una galaxia que forma más de diez veces el número habitual de estrellas que le correspondería de acuerdo con su masa. Estas etapas finales, en las que dos galaxias de masa aproximadamente igual se fusionan, también cambiarán en profundidad la forma de la galaxia, porque desordenan las órbitas de las estrellas existentes y desgarran el gas presente en ambas para formar nuevas estrellas. En casos extremos, estas interacciones pueden destruir el disco de una galaxia espiral, consumir todo su gas y convertirla en una galaxia elíptica (fig. 36.3).

Estas fusiones son el principal mecanismo por el que las galaxias han aumentado su masa hasta los cientos de miles de millones de estrellas que vemos hoy, y también son la forma en que se han construido las galaxias elípticas. Las interacciones con galaxias menos masivas ejercen un impacto menor en la galaxia masiva, pero pueden dejar corrientes estelares que se alejan del objeto más pequeño. Nuestra Galaxia tiene muchas de estas serpentinas formadas a partir de galaxias enanas que se encuentran con la nuestra, mucho más grande. Sin embargo, hay una colisión masiva en nuestro futuro: Andrómeda y la Galaxia se acercan y deberían iniciar este proceso dentro de unos 3000 o 4000 millones de años.

LÁMINA 10

Un caos
peculiar

UGC 8335 es un conjunto de galaxias
que interactúan en la constelación
de la Osa Mayor y en el que se aprecia
un puente de material que conecta
dos sistemas, así como «colas» de marea
de material expulsado de lo que una vez
fueron dos galaxias separadas, ahora
en camino de fusionarse en una sola.

como supernova de tipo 1a

Hay situaciones especialmente espectaculares en las que podemos presenciar cómo una estrella se autodestruye sin dejar nada tras de sí. Se trata de una explosión catastrófica que requiere una serie de circunstancias particulares. Partimos de una enana blanca en un sistema estelar binario, bien con una estrella compañera masiva, bien con otra enana blanca. Si la compañera es una estrella masiva, tenemos la misma configuración que genera una nova normal: las repetidas explosiones superficiales cuando el material arrancado de la estrella masiva se acumula en la superficie de la enana blanca y se calienta lo suficiente como para iniciar la fusión.

Sin embargo, esta situación tiene sus límites. Hay un límite superior de masa a partir del cual las enanas blancas se tornan inestables, y este se sitúa en 1.44 veces la masa del Sol. Este es el llamado límite de Chandrasekhar. Más allá de esta masa, la presión de degeneración de los electrones ya no es capaz de sostener la enana blanca frente a la gravedad, y todo el objeto se vuelve inestable. Esto desencadenará muy rápidamente un nuevo tipo de explosión de supernova: la de tipo Ia.

El que la enana blanca que recibe materia se convierta en una nova o estalle como supernova parece depender del ritmo al que su superficie recibe el material procedente de la otra estrella. Si el gas se acumula poco a poco, es mucho más probable que la enana blanca detone en forma de una nova antes de alcanzar el límite de Chandrasekhar. Sin embargo, si el material se acumula deprisa, entonces es probable que la enana blanca alcance ese límite (fig. 37.1).

Una vez alcanzado el límite de masa, la enana blanca solo dispone de unos segundos más para sobrevivir. Las temperaturas en su interior aumentarán hasta el punto de que el carbono de la enana blanca comenzará a fusionarse en elementos más pesados, y esta fusión consumirá con mucha rapidez todo el remanente estelar, con una liberación de energía tan abrupta que la enana blanca se autodestruirá, detonándose en un último estallido. Estos eventos son tan luminosos que llegan a brillar temporalmente más que el resto de las estrellas de su galaxia, y, como la enana blanca se autodestruye, no queda absolutamente nada tras la explosión, aparte de una burbuja

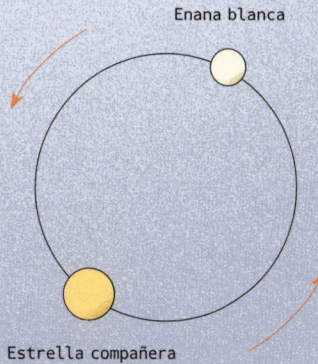

Enana blanca

Estrella compañera

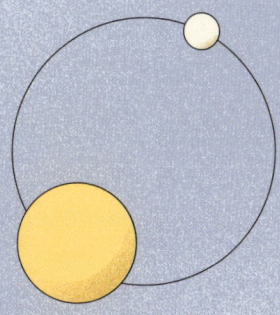

Se hincha con el tiempo

La enana blanca gana masa
porque su intensa gravedad
atrae material de la estrella
compañera

La enana blanca estalla
cuando supera el límite de masa
estable. Esto a veces expulsa
a la estrella compañera

| FIG. 37.1 | Las supernovas de tipo Ia son detonaciones completas de una estrella enana blanca que ha ganado tanta masa que deja de ser estable. Son extremadamente brillantes, lo que nos permite verlas mucho más allá de donde se pueden utilizar las cefeidas para trazar una medida de distancia. |

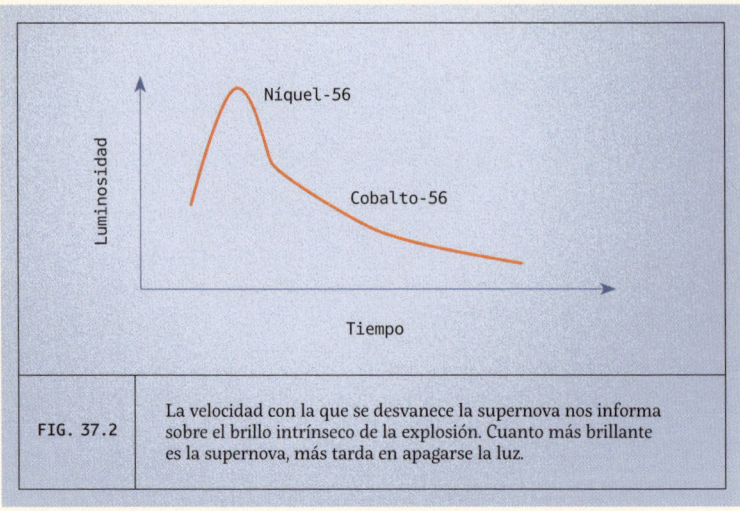

FIG. 37.2	La velocidad con la que se desvanece la supernova nos informa sobre el brillo intrínseco de la explosión. Cuanto más brillante es la supernova, más tarda en apagarse la luz.

de gas. A diferencia de las supernovas gravitatorias, tras la detonación de la enana blanca no queda ni una estrella de neutrones ni un agujero negro. Y la estrella compañera puede sobrevivir parcialmente, aunque es de esperar que casi todas sus capas externas se desprendan cuando reciban la onda de choque de la supernova (fig. 37.2).

Esta forma de supernova en la que una estrella compañera hace que una enana blanca supere su masa estable constituye un estallido especialmente útil, porque cada vez la explosión procede del mismo tipo de objeto, casi siempre con la misma masa. Por tanto, al igual que ocurre con las estrellas variables cefeidas, esto significa que, intrínsecamente, todos estos objetos deberían experimentar casi la misma detonación. Algunos de los primeros trabajos mostraron que el brillo intrínseco de la supernova está correlacionado con la lentitud con la que se desvanece desde su máximo. Cuanto más débil es la supernova, más rápido se desvanece. Esto significa que la supernova Ia puede utilizarse como un patrón de luminosidad, al igual que las cefeidas. Al comparar la magnitud absoluta prevista de la supernova con el brillo que observamos, podemos calcular a qué distancia debe haberse producido la supernova.

A diferencia de las cefeidas, que solo pueden medirse si están lo bastante cerca de la Tierra como para poder observar estrellas individuales, las supernovas Ia extienden mucho más allá nuestras mediciones de

distancias. El intenso brillo de las explosiones de supernova nos permite
detectarlas en galaxias muy lejanas, incluso cuando hay dificultades
para divisar la propia galaxia huésped (fig. 37.3).

Existe otra vía para que se produzca una supernova Ia, y
corresponde a la situación en que la compañera de la enana blanca es
otra enana blanca. En este caso, el material no fluye poco a poco desde
la estrella compañera, sino que se capta de golpe la totalidad de la otra
enana blanca. Con el tiempo suficiente y en un sistema binario lo bastante
apretado, es posible que las dos enanas blancas caigan gradualmente una
hacia el interior de la otra. Cuando por fin colisionan, la suma de las dos
masas es superior a 1.44 masas solares, lo que desencadena la supernova.
En este caso, realmente no quedará nada tras la explosión. Los astrónomos
aún están estudiando qué fracción de las supernovas observadas se
producen por esta vía de la doble enana blanca. Una de las estrategias
posibles para empezar a averiguarlo consiste en observar los remanentes
de supernova en nuestra propia galaxia que carezcan de resto estelar
en el centro de las burbujas explosivas. En algunos casos, como el de la
supernova registrada en el año 1006, no se ha encontrado ningún resto,
ni siquiera con los telescopios modernos. En cualquier caso, ambas vías
están disponibles, y ambas ocurren. Estas detonaciones, por destructivas
que sean, han ampliado nuestra comprensión de las distancias en el universo.

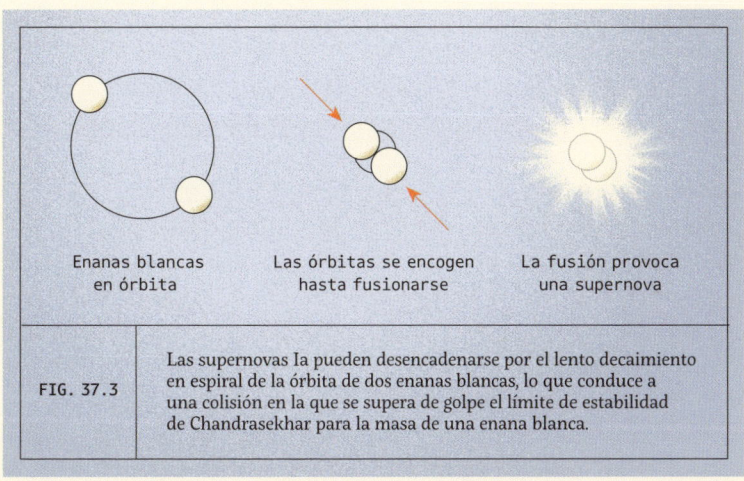

| Enanas blancas en órbita | Las órbitas se encogen hasta fusionarse | La fusión provoca una supernova |

| FIG. 37.3 | Las supernovas Ia pueden desencadenarse por el lento decaimiento en espiral de la órbita de dos enanas blancas, lo que conduce a una colisión en la que se supera de golpe el límite de estabilidad de Chandrasekhar para la masa de una enana blanca. |

al trazar un universo en expansión

Detectar un debilitamiento inesperado puede ayudarnos a conocer tanto las estrellas como el universo que habitan. Las supernovas Ia ofrecen otra forma de medir distancias mucho mayores que las estrellas variables cefeidas. A principios de la década de 1920, los astrónomos empezaron a calcular las distancias a las galaxias más cercanas, en las que se podían detectar cefeidas. A partir de estas observaciones iniciales, se dieron cuenta de que todas las galaxias parecían estar desplazadas hacia el rojo: la luz estaba desplazada hacia el rojo con respecto a lo que cabría esperar si estuvieran en reposo. Esto significaba que se estaban alejando de nosotros. Era de esperar que algunas galaxias lo hicieran, pero cada galaxia adicional que se alejaba requería una nueva reflexión. Y se vio que, cuanto más lejos estuviera la galaxia, más rápido se alejaba.

Nació una nueva interpretación: el universo tenía que estar en expansión. En lugar de hacer que cada galaxia huya específicamente de nuestra posición en el universo, es mucho más sencillo suponer que las galaxias están más o menos estacionarias en relación con su espacio local, pero que el espacio que hay entre ellas crece con el paso del tiempo. Esto ya fue toda una revelación sobre el universo en que vivimos, obtenida a través de la mera observación de las estrellas variables cefeidas dentro de las galaxias más cercanas, pero la historia no terminó ahí.

Las observaciones de las supernovas Ia nos permiten ampliar esta cartografía de desplazamiento al rojo y distancia medida hasta valores aún mayores, utilizando el solapamiento de galaxias que tienen tanto cefeidas detectables como explosiones de supernovas. Si el universo se expandiera simplemente a un ritmo constante, esperaríamos ver una prolongación de la relación fija y rectilínea que vemos en el universo local, sin importar lo lejos que miremos: cuanto más lejos esté la supernova, distancia que se deduce de su brillo aparente, mayor será su desplazamiento al rojo (fig. 38.1).

La distancia inferida a partir del brillo o la debilidad del objeto se conoce como *distancia de luminosidad*, y es sensible a lo que el universo haya hecho desde que se liberó la luz de una supernova. Si la luz viajara en un universo que no se expande, esto sería sencillo: bastaría con que la luz se limitara a recorrer la distancia que media entre los dos objetos. Pero en un universo en constante expansión, la luz tiene que recorrer más distancia,

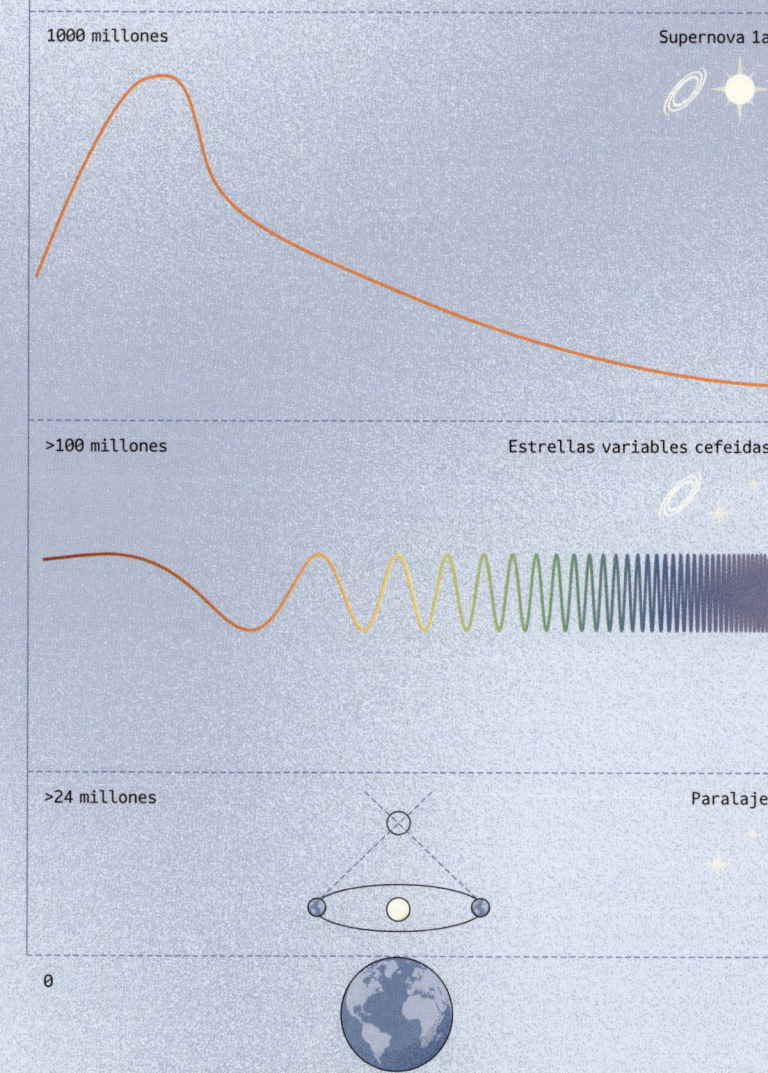

Distancia en años luz

1000 millones   Supernova 1a

>100 millones   Estrellas variables cefeidas

>24 millones   Paralaje

0

| FIG. 38.1 | La escala cósmica de distancias nos permite medir distancias a objetos lejanos y débiles, pasando de la paralaje a las estrellas variables cefeidas y de ahí a los brillos de las supernovas. |

porque el universo sigue creciendo mientras la luz va de camino. Como la luz recorre una distancia mayor, cuando llega a nosotros es más débil de lo que sería si el universo no estuviera en expansión. Profundizando aún más en el problema, si la expansión del universo se acelera o se frena, entonces la distancia que la luz tiene que recorrer (en relación con una expansión fija) también cambia ligeramente. Si la expansión del universo tiende a menos, entonces la distancia que hay que recorrer será un poco menor, y objetos como nuestra supernova deberían aparecer ligeramente más brillantes de lo que prediga un modelo de expansión constante. Por el contrario, si la expansión se acelera, habrá más espacio que salvar de lo que cabría esperar con una expansión constante, por lo que la supernova parecerá más débil de lo previsto.

Ninguno de estos efectos se manifestaría en distancias pequeñas, en lo que las supernovas que pueden ayudar a distinguir entre estas posibilidades son las que se encuentran lo más lejos posible. Cuanto más espacio haya tenido que recorrer su luz, mayor será el efecto acumulado de un ligero incremento o disminución del espacio atravesado. Fue en 1998 y 1999 cuando comenzaron los primeros sondeos para encontrar supernovas lo bastante lejanas como para aportar indicios sobre cuál es la situación real (fig. 38.2).

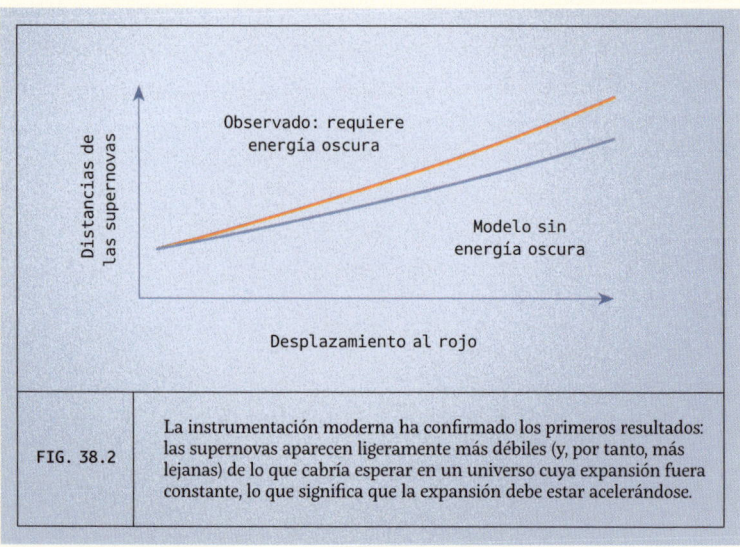

FIG. 38.2   La instrumentación moderna ha confirmado los primeros resultados: las supernovas aparecen ligeramente más débiles (y, por tanto, más lejanas) de lo que cabría esperar en un universo cuya expansión fuera constante, lo que significa que la expansión debe estar acelerándose.

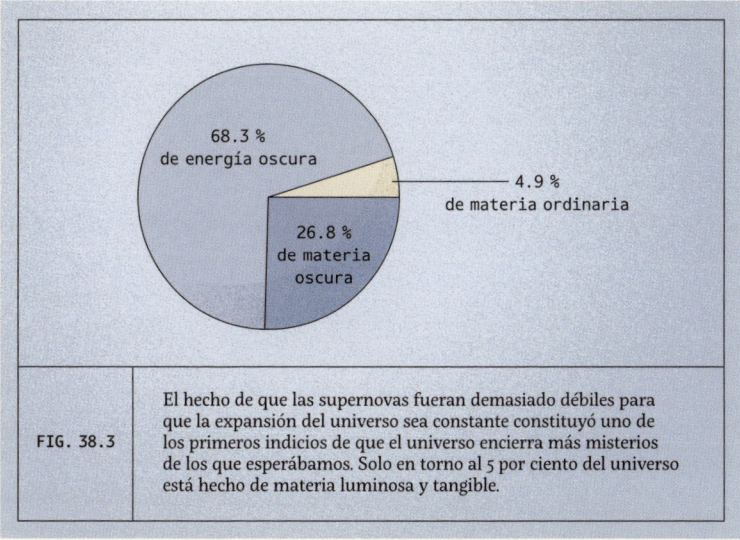

68.3 % de energía oscura

4.9 % de materia ordinaria

26.8 % de materia oscura

FIG. 38.3 El hecho de que las supernovas fueran demasiado débiles para que la expansión del universo sea constante constituyó uno de los primeros indicios de que el universo encierra más misterios de los que esperábamos. Solo en torno al 5 por ciento del universo está hecho de materia luminosa y tangible.

Equipos científicos independientes descubrieron lo mismo. Las supernovas eran demasiado débiles para encajar en nuestras expectativas de un universo con expansión constante, lo que significa que esa expansión se tiene que estar acelerando.

A partir de aquí, la cosa se puso más interesante. La discrepancia entre el modelo de expansión constante y lo que veíamos permitía estimar cuánta energía tenía que estar implicada para que todo el espacio fuera menos denso de esta manera. Por lo que sabíamos, la gravedad debería juntar lentamente todas las galaxias, y no se conocía ninguna fuerza capaz de repeler objetos masivos de forma que expandiera el espacio entre todas las galaxias. Así que, fuera lo que fuera aquello que superaba la gravedad de todas las galaxias, tenía que haber mucho de ello.

Los modelos actuales sugieren que esta fuente de expansión, a la que convenientemente hemos bautizado como «energía oscura», ya que no tenemos una idea clara de lo que es, constituye alrededor del 70 por ciento de la energía del universo. Otro 25 por ciento de la masa y la energía de nuestro universo se halla en forma de materia oscura que envuelve las galaxias. El 5 por ciento restante incluye cada estrella, grano de polvo, átomo de gas, molécula compleja, toda la materia luminosa de nuestro universo, incluidos los planetas y toda la vida en la Tierra (fig. 38.3).

como pista sobre el universo primitivo

Para conocer una estrella, podemos fijarnos en el impacto que tuvieron las primeras estrellas en nuestro universo. Aunque cuesta detectarlas directamente, hemos avanzado hacia ese objetivo. Mientras tanto, empezamos a comprender cómo debieron de ser estas estrellas y el efecto que tuvieron en el universo.

Una de las razones por las que pensamos que estas estrellas debieron de ser muy masivas radica en la ausencia de metales en la gigantesca nube de gas de la que se formaron. Los metales contribuyen al proceso de enfriamiento de una nube de gas. Sin metales, es más probable que una nube de gas se colapse en una estrella muy grande, en lugar de fragmentarse durante el colapso en varias estrellas más pequeñas. Por tanto, la existencia de metales no solo modifica la composición de las estrellas, sino también la forma en que se originan. Esto, a su vez, nos da una explicación natural de por qué no vemos estrellas tan masivas en la actualidad. Hoy hay suficientes metales en las nubes de gas como para que se fragmenten durante el colapso. Se cree que estas primeras estrellas habrían sido mucho más masivas que el Sol y que muchas de ellas alcanzarían varios cientos de masas solares y en ocasiones pudieron llegar a reunir hasta 1000 veces la masa del Sol (fig. 39.1).

Hay dos lugares donde podemos buscar estas estrellas primigenias. El primero es el universo más primitivo, cuando realmente se estaban formando las primeras estrellas y tocaba a su fin la Era Oscura Cósmica, la etapa en que los astros luminosos aún no existían. Hasta ahora, esta primera generación de estrellas ha sido extremadamente difícil de detectar, en parte porque las distancias que tendría que recorrer la luz para llegar hasta nosotros son tan grandes que, por muy brillantes que hubieran sido, ahora sería muy tenue. A medida que nuestros telescopios se vuelvan más y más sensibles, es posible que lleguemos a verlas en el futuro.

El segundo lugar donde buscar es dentro de una galaxia que ya haya formado algunas estrellas y, por tanto, sea un objeto con una masa gravitatoria considerable, pero que aún no haya consumido toda su reserva inicial de gas prístino. Los modelos informáticos de cómo se forman las galaxias sugieren que puede haber bolsas de gas que no se vean afectadas

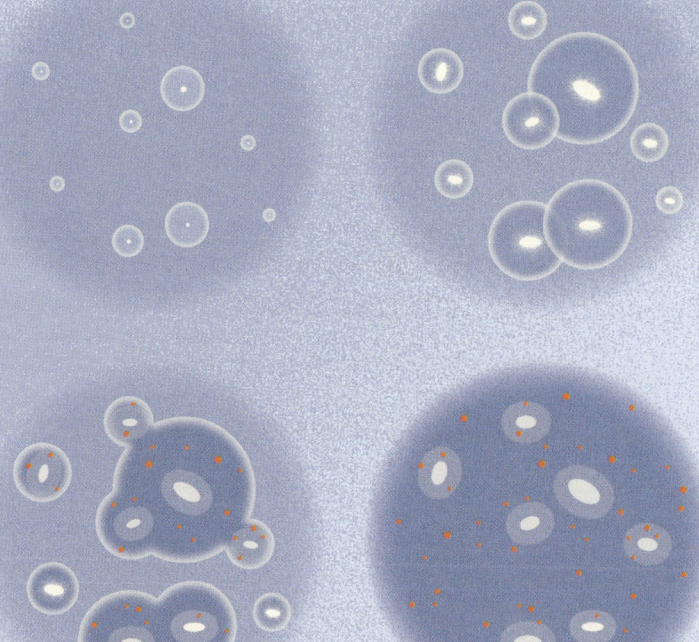

Las primeras estrellas
se forman en protogalaxias

La formación estelar se
intensifica, lo que afecta a
regiones de gas más grandes

Las burbujas siguen
expandiéndose con el tiempo

El gas totalmente ionizado deja
un universo transparente

FIG. 39.1

Se cree que la luz de alta energía de las primeras estrellas es la razón
por la que el universo es ahora transparente, ya que provocó la ionización
gradual del gas hidrógeno entre las galaxias en formación.

por la primera ronda de explosiones. Así pues, la formación de estas «primeras estrellas» puede continuar aún en algunas galaxias, mientras que el gas que todavía no se ha convertido en estrella se va colapsando gradualmente hacia una ronda tardía de formación de primeras estrellas. Aunque estas galaxias son muy distantes y todavía son difíciles de observar debido a su debilidad, en términos relativos son mucho más fáciles de detectar que la verdadera primera ronda de formación estelar. Y es en este tipo de entornos donde hemos hecho la mayor parte de nuestras búsquedas para detectar las firmas de los tipos de estrellas que se habrían formado en los primeros tiempos.

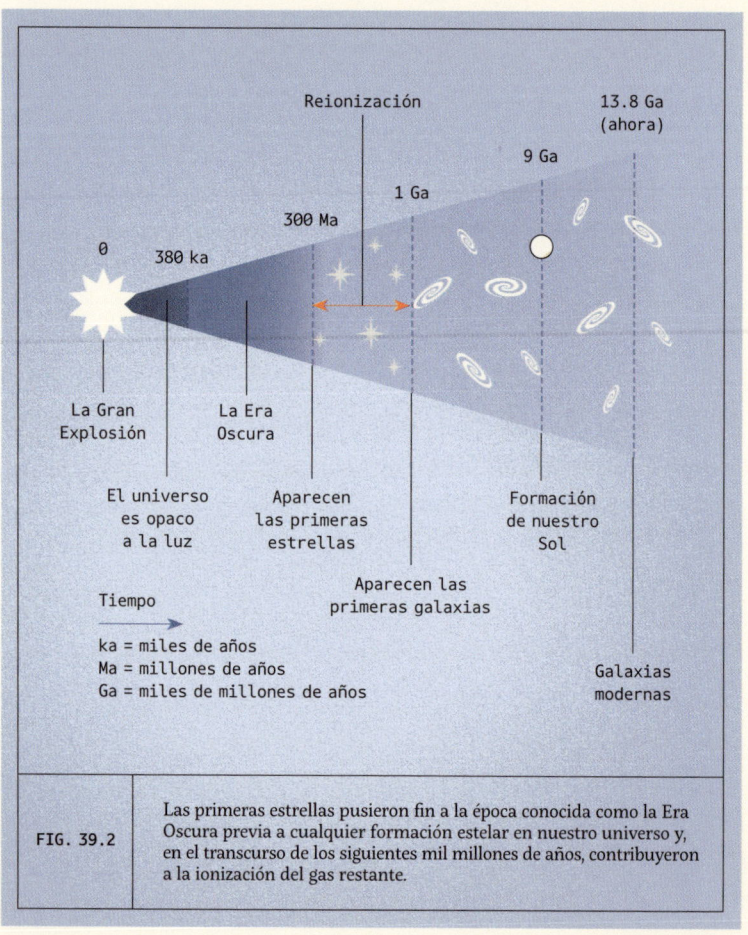

| FIG. 39.2 | Las primeras estrellas pusieron fin a la época conocida como la Era Oscura previa a cualquier formación estelar en nuestro universo y, en el transcurso de los siguientes mil millones de años, contribuyeron a la ionización del gas restante. |

En ambos casos, estas estrellas masivas funcionarán a temperaturas extremadamente altas, y eso significa que la luz que emiten en el universo primitivo tendría una energía elevadísima, con una gran cantidad de luz ultravioleta. La luz ultravioleta es lo bastante energética como para arrancar el electrón del hidrógeno, lo que lo ioniza. A estas temperaturas también cabría esperar que la luz estelar fuera capaz de ionizar completamente el helio, eliminando sus dos electrones, lo que requiere más trabajo. Con la galaxia todavía bastante llena de gas, es razonable esperar que estrellas tan masivas empezaran a ionizar grandes burbujas de gas a su alrededor, independientemente de la cantidad de helio que pudiera haber (fig. 39.2).

Un estudio reciente se ha dedicado a buscar este resplandor de gas ionizado en una galaxia antigua muy conocida, denominada GN-z11, que se ve tal y como era cuando habían transcurrido tan solo 430 millones de años desde la Gran Explosión. La investigación buscaba bolsas de gas ionizado intacto en una galaxia por lo demás bien consolidada, y halló una nube de lo que parece ser helio sin elementos más complejos en su interior. Si este resultado se confirmara, deduciríamos que ahí se ve gas ionizado por estas estrellas más antiguas, las cuales tienen que estar presentes, aunque permanezcan invisibles.

Si esta prodigiosa cantidad de luz ionizante procedente de estas estrellas más antiguas puede escapar de la galaxia (una hazaña nada fácil, teniendo en cuenta la cantidad de gas con la que tuvo que toparse), entonces es probable que estas estrellas, formadas a gran velocidad en las primeras galaxias, también sean las responsables de otra faceta del universo que podríamos dar por sentada: su total transparencia. En el universo primitivo, el hidrógeno que llenaba los espacios entre las protogalaxias densas era eléctricamente neutro, y el hidrógeno neutro absorbe ciertos colores de la luz visible. Toda la luz visible pudo viajar libre por el universo, sin ser absorbida, tan solo después de la ionización de todo este gas, lo que requiere el gran volumen de luz ultravioleta que produjeron las primeras estrellas.

en oro y plata

Los residuos estelares de gran masa son el origen de los metales que utilizamos en nuestras joyas. Muchas de nuestras alhajas están hechas de plata, oro o platino, y la formación de estos metales sigue un recorrido muy especial.

Los metales preciosos han sido un enigma durante cierto tiempo. Aunque pueden formarse durante la explosión de supernova de una estrella de gran masa, no parecía que ese proceso fuera tan eficiente en la producción de plata y oro. O no habíamos entendido del todo la mecánica de las supernovas, o bien tenía que haber algún otro proceso que creara estos metales para que los viéramos en las cantidades que encontramos en la Tierra.

La solución a este enigma concentró varios misterios a la vez. El primero era un fenómeno conocido como fuente explosiva de rayos gamma. Se trata de estallidos de rayos gamma de nombre poco imaginativo que se presentan en dos versiones: las cortas, que duran menos de dos segundos, y las largas, que continúan emitiendo rayos gamma durante más de dos segundos. Se cree que las explosiones de rayos gamma largas proceden de supernovas tradicionales, pero las breves nos causaban un gran desconcierto. Durante mucho tiempo se sospechó que serían el resultado de la colisión de dos estrellas de neutrones.

Al mismo tiempo, se observaron enigmáticas explosiones denominadas kilonovas, que no eran tan brillantes como una supernova, pero sí mucho más que una nova. En 2013 se acumularon indicios de que las explosiones de rayos gamma breves y las kilonovas podían formar parte del mismo acontecimiento. Y, si un estallido corto de rayos gamma nos llegaba debido a la colisión de dos objetos astrofísicos densos, entonces también debían hacerlo las kilonovas (fig. 40.1).

Las pruebas definitivas de que tales cataclismos son la fuente de nuestros dos misteriosos estallidos tuvieron que esperar hasta 2017, cuando se detectaron ondas gravitatorias, una explosión de rayos gamma y una kilonova, todo ello a la vez. La señal de las ondas gravitatorias, una vez interpretada, nos indicó que este acontecimiento concreto involucró dos objetos densos con masas que se explican mejor si se trata de dos estrellas de neutrones: un objeto tenía unas 2 masas solares, y el otro, alrededor de 1. El objeto menos masivo no podía haber sido una enana

FIG. 40.1   Las kilonovas son explosiones espectaculares que marcan el final de dos estrellas de neutrones. La explosión libera rayos gamma y luz visible y produce un gran volumen de elementos pesados.

blanca porque las órbitas de los dos objetos, uno alrededor del otro, justo antes de fusionarse estaban tan próximas que una enana blanca habría ocupado más espacio del disponible.

Se movilizó un enorme número de telescopios para investigar el lugar de la explosión, y los residuos se analizaron con rapidez en todo el espectro electromagnético con el fin de entender lo mejor posible este acontecimiento mientras duraba la oportunidad.

Tras observar los elementos presentes en los restos de la explosión, se descubrió que esta kilonova produjo un enorme volumen de elementos pesados, en especial oro, plata y platino. De hecho, estas fusiones de estrellas de neutrones producen estos elementos pesados con tanta eficacia que las estrellas de neutrones por sí solas, al ritmo al que se espera que se fusionen, podrían dar cuenta de todo el oro y el platino que encontramos en la Tierra. No sería necesaria mucha (o ninguna) contribución de estrellas masivas que exploten como supernovas, por lo que la baja eficacia de

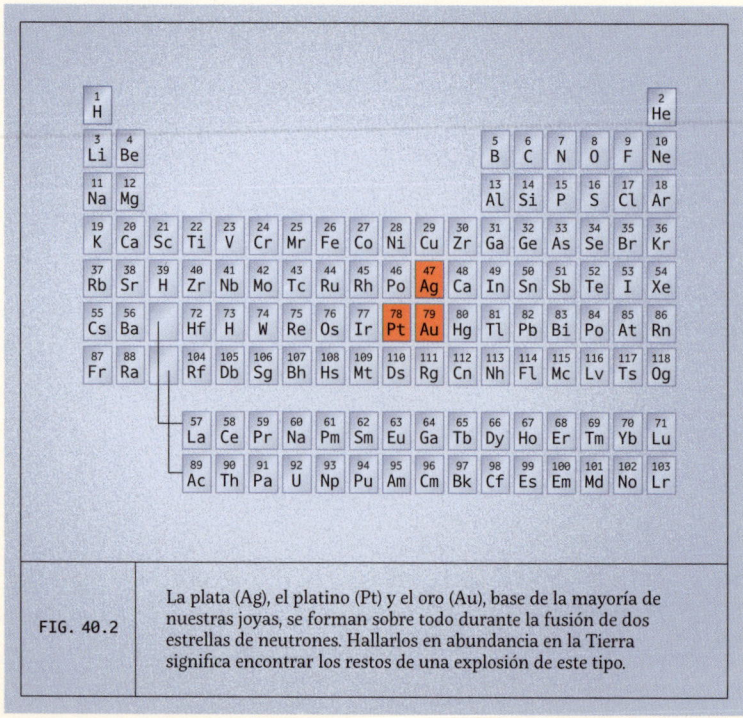

FIG. 40.2   La plata (Ag), el platino (Pt) y el oro (Au), base de la mayoría de nuestras joyas, se forman sobre todo durante la fusión de dos estrellas de neutrones. Hallarlos en abundancia en la Tierra significa encontrar los restos de una explosión de este tipo.

las supernovas en la producción de estos elementos deja de ser un problema. Puede que, sencillamente, no sean en absoluto la fuente de las joyas que usamos.

En cambio, dado que una sola kilonova es capaz de crear más de 15 000 veces la masa de la Tierra en elementos pesados, es mucho más probable que estas colisiones entre estrellas de neutrones enriquezcan con rapidez la galaxia en la que residen con elementos pesados. Como son fábricas tan eficientes de metales pesados, no se necesitan demasiadas para reproducir la cantidad de metales que vemos en la Tierra (fig. 40.2).

De hecho, un estudio examinó los metales pesados presentes en meteoritos que se formaron en la época juvenil de nuestro Sistema Solar y llegó a la conclusión de que el oro y la plata del Sistema Solar (junto con gran parte del plutonio) podrían haberse depositado en la nube de gas que acabaría formando nuestro sistema debido a una única fusión estelar de estrellas de neutrones relativamente cercana, quizá 80 millones de años antes de que comenzara a formarse el Sistema Solar.

Con independencia de si las supernovas también contribuyen en gran medida a los metales preciosos que tenemos en la Tierra, lo cierto es que las colisiones entre estrellas de neutrones son absolutamente capaces de enriquecer las regiones que las rodean con una bruma de oro y platino. En cualquier caso, nuestras joyas han llegado hasta nosotros tras un pasado explosivo. Los anillos y collares que confeccionamos se forjaron primero con la destrucción de una estrella y después salieron al exterior para mezclarse con el gas cercano que más tarde se colapsó en nuestro Sistema Solar. Una vez allí, ya pudieron mezclarse con el material rocoso que formó la Tierra.

recursos y referencias

Por capítulo:

1) https://astroedu.iau.org/en/activities/
what-is-a-constellation/ • Falchi, F., et al., SciA,
2, 2016, e1600377

2) https://imagine.gsfc.nasa.gov/features/
cosmic/nearest_star_info.html • https://
chandra.harvard.edu/edu/formal/icecore/
The_Historical_Sunspot_Record.pdf • www.
nasa.gov/solar-system/nasa-enters-the-solar-
atmosphere-for-the-first-time-bringing-new-
discoveries/

4) https://nssdc.gsfc.nasa.gov/planetary/
factsheet/sunfact.html

5) www.pas.rochester.edu/~emamajek/memo_
star_dens.html • https://chandra.harvard.edu/
xray_sources/pdf/brown_dwarfs.pdf

6) Ohnaka, K., et al., A&A, 2011, 529, A163

7) Raghavan, D., et al., ApJS, 2010, 190, 1

8) www.britannica.com/science/magnitude-
astronomy • https://nssdc.gsfc.nasa.gov/
planetary/factsheet/sunfact.html • https://
skyserver.sdss.org/dr1/en/proj/advanced/hr/
simplehr.asp

9) https://lco.global/spacebook/stars/
protostar/ • https://science.nasa.gov/mission/
hubble/science/explore-the-night-sky/
hubble-messier-catalog/messier-45/

10) https://spacemath.gsfc.nasa.gov/
Grade35/10Page6.pdf • https://science.nasa.
gov/jupiter/jupiter-facts/ • https://science.
nasa.gov/resource/infographic-profile-of-
planet-51-pegasi-b/ • https://news.ucsc.
edu/2023/06/helium-tails.html • https://nssdc.
gsfc.nasa.gov/planetary/factsheet/uranusfact.
html • https://science.nasa.gov/exoplanets/
super-earth/ • https://science.nasa.gov/
resource/55-cancri-e-skies-sparkle-above-a-
never-ending-ocean-of-lava/

11) www.swpc.noaa.gov/phenomena/coronal-
mass-ejections • Oughton, E. J., et al., SpWea,
2017, 15, 65 • Green, J. L., Boardsen, S., AdSpR,
2006, 38, 130 • Boteler, D. H., SpWea, 2019, 17,

1427 • https://science.nasa.gov/science-research/
planetary-science/23jul_superstorm/ • https://
www.lloyds.com/news-and-insights/risk-
reports/library/solar-storm • https://science.
nasa.gov/science-news/science-at-nasa/2015/
11may_aurorasonmars • https://science.nasa.
gov/missions/hubble/hubble-captures-vivid-
auroras-in-jupiters-atmosphere/ • www.nasa.
gov/image-article/saturns-auroras/

13) Burrows, A., et al., ApJ, 1997, 491, 856 • https://
chandra.harvard.edu/xray_sources/pdf/
brown_dwarfs.pdf • https://science.nasa.gov/
solar-system/temperatures-across-our-solar-
system/ • www.jpl.nasa.gov/news/coldest-
brown-dwarfs-blur-star-planet-lines •
https://webbtelescope.org/contents/media/
images/4196-Image • www.caltech.edu/about/
news/bands-clouds-swirl-across-brown-dwarfs-
surface • www.universetoday.com/108693/
stormy-with-a-chance-of-molten-iron-rain-
first-ever-map-of-exotic-weather-on-brown-
dwarfs/#ixzz2rtfsBLYL • www.nasa.gov/
missions/spitzer/nasa-helps-decipher-how-
some-distant-planets-have-clouds-of-sand •
Miles, B. E., et al., ApJL, 2023, 946, L6 • Cranmer,
S. R., RNAAS, 2021, 5, 201

14) http://burro.case.edu/Academics/Astr221/
LifeCycle/redgiant.html • www.astronomy.
ohio-state.edu/thompson.1847/1101/lecture_
evolution_low_mass_stars.html

15) Badenes, C., et al., ApJL, 2015, 804, L25 •
Lago, P. J. A., et al., RMxAA, 2016, 52, 329 •
https://science.nasa.gov/mission/hubble/
science/explore-the-night-sky/hubble-messier-
catalog/messier-57/ • Pottasch, S. R., et al., A&A,
2010, 517, A95 • https://hubblesite.org/contents/
media/images/2020/31/4682-Image

16) Kepler, S. O., et al., MNRAS, 2007, 375, 1315 •
https://nssdc.gsfc.nasa.gov/planetary/factsheet/
sunfact.html • Provencal, J. L., et al., ApJ, 1998,
494, 759 • Mestel, L., MNRAS, 1952, 112, 583 •
Sackmann, I.-J., et al., ApJ, 1993, 418, 457 Kepler,
S. O., et al., MNRAS, 2007, 375, 1315 https://
esahubble.org/images/heic0516c/ • http://vega.
lpl.arizona.edu/sirius/A6.html

17) https://astronomy.swin.edu.au/cosmos/C/
Classical+Novae • Lloyd, H. M., et al., MNRAS,
1997, 284, 137

18) http://hyperphysics.phy-astr.gsu.edu/hbase/Astro/startime.html • Mittag, M., et al., A&A, 2023, 669, A9

19) Joyce, M., et al., ApJ, 2020, 902, 63 • http://hyperphysics.phy-astr.gsu.edu/hbase/Astro/startime.html • Dolan, M. M., et al., ApJ, 2016, 819, 7 • Wheeler, J. C., et al., A&G, 2023, 64, 3.11 • Montargès, M., et al., Nature, 2021, 594, 365 Dupree, A. K., et al., ApJ, 2020, 899, 68 https://hubblesite.org/contents/news-releases/2020/news-2020-44

20) https://astronomy.swin.edu.au/cosmos/c/core-collapse • https://web.archive.org/web/20210420231445/https://websites.pmc.ucsc.edu/~glatz/astr_112/lectures/notes17.pdf • Smartt, S. J., ARA&A, 2009, 47, 63 • Thielemann, F.-K., et al., ApJ, 1996, 460, 408

21) Özel, F., et al., ApJ, 2012, 757, 55 • www.jpl.nasa.gov/infographics/neutron-stars • Morales, J. A., et al., MNRAS, 2022, 517, 5610 • Berger, A., «Magnetic resonance imaging», BMJ, 2002, 324(7328) • https://science.nasa.gov/missions/webb/webb-finds-evidence-for-neutron-star-at-heart-of-young-supernova-remnant/ • https://nanograv.org/science/topics/pulsars-cosmic-clocks • Smith, D. A., et al., ApJ, 2023, 958, 191 • Collins, G. W., et al., PASP, 1999, 111, 871 • Zhou, S., et al., Univ, 2022, 8, 641

23) Gaia Collaboration, et al., A&A, 2023, 674, A1 • Zic, A., et al., ApJ, 2020, 905, 23 • Fuhrmeister, B., et al., A&A, 2022, 663, A119 • www.aavso.org/vsx/index.php?view=detail.top&oid=9237 • Clementini, G., et al., A&A, 2023, 674, A18 • Humphreys, R. M., et al., PASP, 1994, 106, 1025

24) Mowlavi, N., et al., A&A, 2023, 674, A16 • Kirk, B., et al., AJ, 2016, 151, 68 • Prša, A., et al., ApJS, 2022, 258, 16 • Kolbas, V., et al., MNRAS, 2015, 451, 4150 • Richards, M. T., et al., ApJ, 2012, 760, 8 • Lucy, L. B., ApJ, 1976, 205, 208 • Almeida, L. A., et al., ApJ, 2015, 812, 102

25) Bland-Hawthorn, J., et al., ARA&A, 2016, 54, 529 • Blitz, L., et al., ApJ, 1991, 379, 631 • Poggio, E., et al., NatAs, 2020, 4, 590 • Ramos, P., et al., A&A, 2022, 666, A64 • Lynden-Bell, D., et al., MNRAS, 1995, 275, 429

26) https://science.nasa.gov/sun/facts • https://public.nrao.edu/ask/what-causes-the-suns-periodic-vertical-oscillation-through-the-plane-of-the-galaxy/

27) https://science.nasa.gov/missions/hubble/hubble-views-the-star-that-changed-the-universe/ • Hubble, E. P., ApJ, 1926, 64, 321

28) Kroupa, P., et al., MNRAS, 2001, 321, 699 • Álvarez-Baena, N., et al., A&A, 2024, 687, A101

29) Jurić, M., et al., ApJ, 2008, 673, 864 • https://astronomy.swin.edu.au/cosmos/T/Thick+Disk • https://astronomy.swin.edu.au/cosmos/B/Bulges • Helmi, A., A&ARv, 2008, 15, 145 • https://astronomy.swin.edu.au/cosmos/S/Stellar+Halo

30) Rubin, V. C., et al., AJ, 1962, 67, 491 • Corbelli, E., et al., MNRAS, 2000, 311, 441 • Sharma, G., et al., A&A, 2021, 653, A20 • Lovell, M. R., et al., MNRAS, 2018, 481, 1950

31) Tolstoy, E., et al., ARA&A, 2009, 47, 371 • https://earthsky.org/clusters-nebulae-galaxies/what-is-the-local-group/

33) GRAVITY Collaboration, et al., A&A, 2023, 677, L10 • www.eso.org/public/images/eso2208-eht-mwe/ • https://eventhorizontelescope.org/blog/astronomers-reveal-first-image-black-hole-heart-our-galaxy • GRAVITY Collaboration, et al., A&A, 2018, 615, L15 • Häberle, M., et al., Nature, 2024, 631, 285

34) Leavitt, H. S., AnHar, 1907, 60, 87 • Leavitt, H. S., et al., HarCi, 1912, 173 • https://science.nasa.gov/mission/hipparcos/ • https://skyserver.sdss.org/dr1/en/proj/advanced/hr/hipparcos1.asp • Gaia Collaboration, et al., A&A, 2023, 674, A1 • https://science.nasa.gov/missions/hubble/hubble-views-the-star-that-changed-the-universe/

35) Xiang, M., et al., Nature, 2022, 603, 599 • Förster Schreiber, N. M., et al., ARA&A, 2020, 58, 661 • Wright, E. L., PASP, 2006, 118, 1711

37) Hillebrandt, W., et al., ARA&A, 2000, 38, 191 • González Hernández, J. I., et al., Nature, 2012, 489, 533 • Phillips, M. M., ApJL, 1993, 413, L105

38) Riess, A. G., et al., AJ, 1998, 116, 1009 • Perlmutter, S., et al., ApJ, 1999, 517, 565

39) https://science.nasa.gov/missions/webb/webb-unlocks-secrets-of-one-of-the-most-distant-galaxies-ever-seen/ • Maiolino, R., et al., A&A, 2024, 687, A67 • Naidu, R. P., et al., ApJ, 2020, 892, 109

40) www.nasa.gov/news-release/nasas-hubble-finds-telltale-fireball-after-gamma-ray-burst/ • Abbott, B. P., et al., ApJL, 2017, 848, L12 • Pian, E., et al., Nature, 2017, 551, 67 • Kasen, D., et al., Nature, 2017, 551, 80 • Rastinejad, J. C., et al., Nature, 2022, 612, 223 {p. 190} índice alfabético

índice

Los números de página
en *cursiva* remiten
a ilustraciones

agujeros negros 174
  de masa estelar 104-107
  de masa intermedia 157
  supermasivos 154-157
Algol (estrella Demonio) 112,
  114-115, *114*
Andrómeda 128, 130, 144, 161,
  169, *169*
anillo de diamantes 24, *25*
Antares 30, 32
apogaláctico, punto 124
asteroides 50, 52
auroras polares 54-57

bamboleo 36-39, *106*
Bell-Burnell, Doctora
  Jocelyn 100
Betelgeuse 30, 32-33, 90-93,
  III
binarias de contacto 115,
  115
brillo de una estrella 40-43,
  58

carbono 84, 94, 172
centelleo estelar 11
color 30-35, 58
constelaciones 8, *9*
corona 20, *21*
corriente de Sagitario 121
cromosfera 20, *21*
cuerpo negro 30, *31*
cúmulos 34, *35*, 61, 132-135
  abiertos 132-135, *133*
  globulares 132-135, *133*, *134*,
  144, 152

Delporte, Eugène 8
Desplazamientos
  al azul 38-39, *38*, *39*
  al rojo 38-39, *38*, *39*, 176
deuterio 62, *64*
diagrama de Hertzsprung-
  Russell 58-61, 66, 68, 146
discos
  delgado 136, *137*, 152
  grueso 136, *137*, 164, 165
  protoplanetario *45*, 47, 48,
  49, 50, *51*
distancias
  de luminosidad 176
  indicadores 158-161
Doppler, desplazamiento 38,
  38, 39

eclipses
estrellas binarias eclipsantes
  112-115
  polares 20-25
enanas blancas 76-79, 94, 106
  diagrama de Hertzsprung-
  Russell 60-61, *59*
  novas 80-83
  supernovas de tipo Ia
  172-175, *173*
  y estrellas compañeras
  80-83
enanas marrones 60-61, 62-65
enanas negras 76
energía oscura 179
espaguetización 107
estabilidad *18*, 19, 26, 47
estrellas
  compañeras 36
  compañeras en explosiones
  repetidas 80-82, *81*
  compañeras Sirio A y B
  78-79, *78*
  compañeras supernovas
  de tipo Ia 172, 174, 175
  de neutrones 98-101, 104,
  184-187, *185*, *186*
  de Wolf-Rayet *86*, 87, 88,
  89
  del bulbo 136, 139
  Demonio (Algol) 112, 114-115,
  114
  formación 44-49, 164-165,
  167, 168, 169, 180, 182
  fulgurantes 108
  gigantes rojas 60-61, 66-69,
  76, 80, 86, 104, 110
  halo estelar *137*, 138
  RR Lyrae III
  supergigantes rojas 84-87,
  90-93
  variables 108-113, 116, *117*, 158
  cefeidas 158-161, *159*, *173*,
  174, *176*, 177
Eta Carinae III, 116, *117*
Event Horizon Telescope 154
evento de Carrington (1859)
  56-57
explosión de rayos gamma
  184
explosiones recurrentes 80-83

fotodesintegración 95
fotosfera 16, *17*, 20
fusión 18-19, 58, 97
  del neón 84
  deuterio 62, *64*
  enanas blancas 82, 83

estrellas de baja masa 29, 33,
  70, 80
estrellas masivas 26, 27
  formación estelar 47
  nebulosa planetaria 70
  supergigantes rojas 84-87

Gaia, misión espacial 108, 112,
  122, *123*, 161
Galaxia 118-119, 124, 128, *130*, 136,
  138, 144, 154, 162-165, *163*
  agujero negro central 154-157,
  156
  estructuras 136-139, 153
  formación estelar 162-165, *163*
  y Andrómeda 169, *169*
galaxias 128-131, 143
  barradas 120, *120*, 128, *129*
  colisiones 166-171
  elípticas 128-131, *129*, *138*, 139,
  144, 146-147, 169
  enana ultradébil 144
  enanas 144-149
  espirales 128-131, *129*, 136-139,
  137, 144, 146, 166, 169
  espirales no barradas 128, *129*
  formación 162-165, 180, 182
  irregulares 131, 144, *146*, 147
  lenticulares 139, *139*
  gas ionizado *182*, 183
  GN-z11 183
  gravedad 33, 36, 79
  efecto sobre las estrellas 16, 18,
  18, 19, 26, 27
  formación estelar 44, *46*
  gigantes rojas 66, 68
  horizontes de sucesos 107
  órbitas estelares 124, 126
  y galaxias 166, 179
Grecia antigua 8, 40, *41*
Grupo Local *145*

helio 19, 150, 183
  flash del helio 68
  fusión con hidrógeno 18-19,
  26, 29, 58, 70, 84
  fusión de helio en capa 68-69,
  70, 84
hidrógeno 19, 60, 150
  en el universo primitivo 183
  fusión 18, 20, 28, 29, 33, 58, 70,
  80, 82, 83, 84
  fusión en capa 66, *67*, 84, 162
hierro 87, 94
Hiparco 40
horizonte de sucesos 104, *105*,
  106-107
Hubble, Edwin 128, *129*, 131

Júpiter 50, 57, 62, 64-65
júpiter calientes 52, 52

kilonova 184-187, 185

Leavitt, Henrietta Swan 158,
   160
   ley de Leavitt 158
leyes de Kepler 140
límite de Chandrasekhar 172,
   175
lluvia coronal 15
lugares internacionales
   de cielo oscuro 10
luz
   brillo de las estrellas 40-43,
      58
   color de la luz solar 30
   contaminación lumínica 10,
      10, 40
   de las estrellas 8-11, 16, 30-35,
      40-43, 58
   color 30-35
   del día 12-15
   refracción 11
   ultravioleta 183

magnitud 40-43, 58
Marte 23, 57
masa 26-29, 39, 58, 59, 61, 62,
   73
   ausente 140, 141
   centro de masas 36, 37
   dinámica 143
   estelar 143
   materia oscura 142-143, 142
   segregación 134, 135
materia oscura 140-143, 144,
   146-147, 179
mediodía cósmico 164, 165
Mercurio 52, 53
metales 150-53, 180, 184-187
metalicidad 150-153
mini-Neptunos 53
Mira 110-111, 110
momento angular 44

nebulosas
   Anular 73, 74, 75
   de Orión 10, 132
   del Cangrejo 100, 101, 102, 103
   Homúnculo 111, 116, 117
   planetarias 70-75, 76
Neptuno 52, 53
NGC
   299 34, 35
   5477 148, 149
   6302 73
novas 82, 106, 108
   cataclísmica 82

Nube Menor de Magallanes
   158
núcleos 16-19, 26, 76
   supernova de colapso
      del núcleo 94-97

observación de estrellas 8
Omega Centauri 157
órbitas 124-127, 136, 140, 168
oro 184-187
oxígeno 86, 97

paralaje 160, 161, 177
patrón de luminosidad 158, 174
perigaláctico, punto 124
planetas 50-53
planetesimales 50, 51
plasma 14, 15, 16, 18, 19, 26, 44,
   80, 87
plata 184-187
platino 184, 186, 186
Pléyades 47, 132
Polar, estrella 10
precesión apsidal 125, 127
proceso triple alfa 68
protoestrellas 45, 47, 48, 49, 50
   de neutrones 104
protoplanetas 50, 51
Próxima Centauri 12, 108, 110
Ptolomeo 40
púlsares 100-101, 100
pulsos térmicos 70

rama asintótica de las gigantes,
   fase 68, 69, 70
relatos 8
restos estelares 76, 77, 94, 98
Rigel 43
Rubin, Vera 140, 143

S2 154, 156
Sagitario A* 154
satélite Hipparcos 161
Saturno 52, 57
secuencia principal 58-60, 59,
   104, 162
Siete Cabrillas 132
silicio 87, 94
singularidad 104, 105
Sirio 32, 43
   A 78-79, 78
   B 77, 78-79, 78
sistemas estelares
   binarios 73, 104, 106, 107, 172
   triples 112
sobrevuelos 168, 169
Sol 12-15
   campos magnéticos 12, 13, 54
   color 30
   eclipse solar 20-25

erupciones solares 108, 110
eyecciones de masa coronal
   54, 55, 56, 57
magnitud 43
manchas solares 12, 16, 17
masa 28-29
núcleo 16, 17, 19
órbita 124, 126, 126
posición en la Galaxia 119, 120
tormentas solares 54
viento solar 54, 55, 57
Solar and Heliospheric
   Observatory (SOHO) 15
Solar Dynamics Observagtory
   (SDO) 15
Sonda Solar Parker 14, 15, 20
supernovas 94-97, 98, 99, 101, 108
   agujeros negros 104
   como productoras de plata
      y oro 184, 186-187
   remanentes 102, 103
   tipo Ia 172-175, 176
   y la expansión del universo
      177, 178, 178, 179
supertierras 53

tabla periódica 152
telescopios espaciales
   Hubble 93, 157
   James Webb 49
   Kepler 53, 112
telescopios solares 15
temperatura 30-33, 31, 32, 58
TESS (Transiting Exoplanet
   Survey Satellite) 53, 112, 114
Tierra 53
   auroras polares 54-57
   tormentas solares 54

UGC 8335 170, 171
Unión Astronómica
   Internacional (UAI) 8
universo
   expansión 176-179
   primitivo 180-183
Urano 53

velocidad 114, 124, 140-142, 141
Venus 52
Very Large Telescope 93
Vía Láctea 9, 118, 122
viento solar 54, 55, 57

agradecimientos

De la autora

Me gustaría dar las gracias a todas las personas que han hecho posible este libro. En particular, manifiesto mi agradecimiento a mi agente, Peter Tallack; mi editor, Duncan Heath; la directora de proyecto, Blanche Craig, y la diseñadora, Lindsey Johns, junto con Slav Todorov y Jason Hook, de UniPress. Gracias también a mis amigos y mi familia, quienes me animan continuamente a seguir adelante.

Por último, gracias a toda la comunidad astrofísica que no solo trabaja mucho para descubrir nuevos patrones y significados tras nuestras observaciones del cosmos, sino que, además, hace accesible ese conocimiento. Gracias por sus artículos.

Créditos de las imágenes

Cubierta ESA / Hubble y NASA; 2 ESA / Webb, NASA y CSA, A. Scholz, K. Muzic, A. Langeveld, R. Jayawardhana; 9 Shutterstock / shooarts; 14 NASA; 25 NASA / GRC / Jordan Salkin; 35 ESA / Hubble y NASA; 49 NASA, ESA, CSA, STScI / Joseph DePasquale (STScI), Alyssa Pagan (STScI), Anton M. Koekemoer (STScI); 75 NASA, ESA, C. R. O'Dell (Vanderbilt University) y D. Thompson (Observatorio del Gran Telescopio Binocular); 89 NASA, ESA, CSA, STScI, Webb ERO Production Team; 103 NASA, ESA, J. Hester y A. Loll (Universidad del Estado de Arizona); 105 Shutterstock / Kovaltol; 110, 114 Wikimedia Commons; 117 NASA, ESA, N. Smith (Universidad de Arizona) y J. Morse (Instituto BoldlyGo); 119 Wikimedia Commons; ESA / Gaia / DPAC, CC BY-SA 3.0 IGO; 142, 145 Shutterstock / RNk07; 149 ESA / Hubble & NASA; 155 Wikimedia Commons; 160 ESA / ATG medialab; 167 Shutterstock / RNk07; 171 NASA, ESA, el Hubble Heritage Team (STScI/AURA)-ESA / Colaboración Hubble y A. Evans (Universidad de Virginia, Charlottesville / NRAO/Universidad de Stony Brook).

BLUME

Título original *Forty Ways to Know a Star*

Edición Jason Hook, Slav Todorov, Blanche Craig
Dirección de arte Alex Coco
Diseño e ilustración Lindsey Johns
Traducción Dulcinea Otero-Piñeiro, David Galadí-Enríquez
Coordinación de la edición en lengua española Cristina Rodríguez Fischer

Primera edición en lengua española 2026

℗ 2026 Naturart. S.A. Editado por BLUME
Carrer de les Alberes, 52, 2.º Vallvidrera,
08017 Barcelona
Tel. 93 205 40 00 E-mail: info@blume.net
© 2025 UniPress Books Ltd, Londres
© 2025 del texto Jillian Scudder

ISBN: 978-84-10469-89-1
Depósito legal: B. 17466-2025
Impreso en China

WWW.BLUME.NET

MIXTO
Papel | Apoyando la silvicultura responsable
FSC
www.fsc.org
FSC® C008047